规模化养殖场卫生防疫技术丛书

鸡场卫生防疫

李新正　陈理盾　主编

河南科学技术出版社

·郑州·

图书在版编目（CIP）数据

鸡场卫生防疫/李新正，陈理盾主编．—郑州：河南科学技术出版社，2014.2

（规模化养殖场卫生防疫技术丛书）

ISBN 978-7-5349-6683-5

Ⅰ.①鸡… Ⅱ.①李… ②陈… Ⅲ.①养鸡场-卫生防疫管理 Ⅳ.①S858.311.33

中国版本图书馆CIP数据核字（2013）第272167号

出版发行：河南科学技术出版社

地址：郑州市经五路66号　邮编：450002

电话：（0371）65737028　65788613

网址：www.hnstp.cn

策划编辑：申卫娟　编辑信箱：hnstpnys@126.com

责任编辑：申卫娟

责任校对：张景琴

封面设计：张　伟

版式设计：栾亚平

责任印制：张　巍

印　　刷：郑州龙洋印务有限公司

经　　销：全国新华书店

幅面尺寸：148 mm×210 mm　印张：7　字数：200千字

版　　次：2014年2月第1版　2014年2月第1次印刷

定　　价：16.00元

《鸡场卫生防疫》编写人员名单

主　　编	李新正	陈理盾	
副 主 编	黄安群	唐国盘	姬向波
	柳忠德	肖曙光	
编写人员	李新正	陈理盾	黄安群
	唐国盘	姬向波	柳忠德
	刘卫东	肖曙光	郭素琴
	赵彦峰	王占峰	杨　陇
	徐志海	李春龙	徐　星
	黄安瑞	郭海霞	邢启银

前 言

随着养鸡业饲养方式的升级换代，标准化、规范化、现代化的生产方式已占主流。管理人员观念的转变，技术的衔接与配套已成为当务之急，特别是卫生防疫技术的更新与实施，是关系到鸡群健康的关键所在，所以必须下大力气掌握最新的卫生防疫技术来适应规范化标准化饲养模式。

为了使广大养鸡技术人员、饲养管理人员尽快适应现代化的生产方式，做好卫生防疫工作，我们总结了过去小规模、大群体的饲养方式及卫生防疫的经验与教训，编写了本书。书中参考了国内外先进生产管理经验，制定了一整套卫生防疫制度，对规范化、标准化、现代化鸡场的饲养管理有指导性意义。

本书内容深入浅出，语言通俗易懂，技术数据翔实，方法具体得当，可操作性强；同时，对卫生防疫各个环节容易出现的误区，分析透彻，指点到位，避免管理人员少走弯路。

本书可作为养鸡技术人员、饲养管理人员和饲养员卫生防疫工作的指南，也可作为专业教师和养鸡专业学生的参考用书。

本书在编写过程中得到了河南牧业经济学院畜牧工程系及黄炎坤教授、韩占兵副教授的大力支持和指导，在此一并表示感谢！

由于编者水平所限，书中若有不当和错漏之处，诚望读者批评指正。

编者

2013 年 5 月

目　录

第一章　规模化鸡场场址选择、规划建设与卫生防疫

第一节　场址选择、规划建设对卫生防疫的意义

中国养鸡产业经过近30年的发展，已实现了从传统的饲养模式向现代化、规模化、标准化养殖模式的转变。养鸡业是中国农业产业化发展中最完善、市场化运作最典型、与国际接轨最直接的行业。养鸡业已成为广大农民脱贫致富、农业产业结构调整、农业产业化建设的支柱产业之一。近年来通过引进新技术、新设备、新工艺，整个产业生产效率不断提高，产业化水平日益提升，特别是鸡产品加工龙头企业不断增多，规模化、现代化、标准化养鸡场越来越多。但随着养殖规模的扩大，疫病的风险越来越大，传染性疾病一旦发生，会导致大批鸡死亡，给养殖户造成巨大的经济损失。特别是近几年，养殖模式从小规模、散户饲养向规模化、标准化、现代化过渡，各种饲养模式共存，也加大了养殖中的疫病风险。规模化养殖企业为了降低疫病的风险，就要从场址选择、场区布局、鸡场建设着手，加大对鸡舍建设、饲养设备的投入，加快推进标准化、规模化、现代化建设，保障鸡群生物安全体系的建设，降低疫病的风险。

一、厂址选择与卫生防疫

现代化、规模化鸡场，规模大，基建及设备投入高，疫病风险大，场址选择至关重要，应按照动物防疫要求和无公害家禽生产基地

建设标准，满足鸡健康生产所必需的生活环境。鸡场选择应能达到相应标准，重点考虑地形地势、交通电力、水源、环境等因素，如果场址选择不当，将直接影响到鸡生长发育和生长性能发挥，以及鸡场生物安全体系的建立，严重时导致传染病暴发，为以后的生产造成严重的影响。

1. 规模化鸡场场址选择是减少疫病的需要 规模化鸡场饲养密度大，群体大，应做好传染病防控工作，重点从传染病流行三个环节抓起。厂址选择时，地形地势、土壤结构、环境等均影响到规模化鸡场疫病防控。

（1）地理位置选择对卫生防疫的影响：规模化鸡场场址选择，对地理位置有较高的要求，要符合当地土地利用发展规划和本地区村镇建设发展规划用地要求，并征得当地畜牧兽医、土地和环境保护行政主管部门批准，同时选择场址也要满足生产发展的要求。另外，还要从本地区经济发展全局出发，宏观上综合分析，不但要看到被选场址的现状，更要预见到其今后周围发展前景，以避免造成将来搬迁的经济损失。从卫生防疫和生产商角度考虑，场址地理位置应符合鸡场生产和无公害食品产地环境要求。

规模化鸡场地理位置选择应远离养殖场、屠宰场、化工厂、居民区、水源保护区、旅游景区和县级以上公路。如果在场址选择时离这些区域太近，一方面周围环境会污染鸡场，不便于隔离工作，使鸡场卫生防疫出现漏洞；另一方面养鸡场也会污染影响周边环境。

（2）地势选择对卫生防疫的影响：规模化鸡场若地势过低或地势没有坡度，会导致在阴雨天周边污水污染养殖场，且会导致病原微生物滋生和蚊蝇等传染媒介繁殖。大雨天会导致雨水污水不分，污染整个场区和道路，影响卫生防疫。另外，地势过低会影响整个鸡场的对外通风，如果通风不良，鸡场产生粉尘，有害气体不能及时排出，会导致鸡舍缺氧和刺激鸡呼吸道，引起损伤，直接影响鸡场卫生防疫。

（3）场址周边环境对卫生防疫的影响：规模化鸡场若离养殖场太近或建在原养殖场场地上，会因原场地被病原微生物污染而导致新建场的疫病发生。另外，规模化鸡场离主干道、交通要道太近也不便于隔离措施实施，同时也会使鸡舍噪声过大，导致鸡的应激直接影响免疫细胞形成，使免疫失效，易感性增强。若养鸡场离化工厂、碎石场等太近易导致鸡场内有害气体和粉尘超标，直接影响鸡健康生长和导致疫病发生，同时也会影响到鸡产品的质量和食品安全，直接影响到人的健康。

2. 土壤结构与水源对鸡场卫生防疫要求 土壤是规模化鸡场重要环境因素之一，它的卫生状况直接或间接地影响鸡的生长繁殖和生产。土壤质地不同影响到地下水和地面水质；土壤被有毒化学物污染也可引起鸡的疫病发生及其产品质量下降；土壤病原微生物和寄生虫滋生的土壤，可污染水、场地、饲料，以致引起某些病原感染和寄生虫病的传播和流行。

在养鸡场的生产过程中，鸡饮水，鸡舍和用具的洗涤、消毒及冲刷设备等都需要使用大量的水，而水质好坏直接影响到鸡的健康及其产品质量，因此鸡场的水源若水质差，水质污染，水质中含盐分过高，均会影响鸡的健康。

二、场区布局与卫生防疫

场地选定后，需要根据场地地形地势和当地主风向有计划地安排养鸡场不同建筑功能区及道路、排水、绿化等的位置，这就是场区规划。合理安排每栋建筑物和各种设施的位置、朝向和相互之间的距离，称建筑物布局。场地规划和建筑物布局在设计时主要考虑不同场区和建筑物之间的功能关系，场区小气候的改善，以及养殖工艺、鸡场卫生防疫和环境保护等因素。

场区规划和建筑物布局方面除考虑占地、减少投资、鸡场工艺外，重点要考虑鸡场卫生防疫，若鸡场规划不合理、建筑物布局不当，除影响生产工艺外，还容易导致规模化鸡场中区与区、舍与舍之间相互污染，而引起传染病及其他疾病暴发。

规模化鸡场在规划时应注意地势（从高到低依次为管理区、生活区、生产区、隔离区，其中生产区内的规划依次为辅助生产区、幼禽区、育成区、成禽区等，各区之间应有隔离带，否则会引起各鸡舍之间不同年龄间疫病的传播）和当地主风向。

若规划过程中，不按地势地貌和主流风向规划，一方面规模化鸡场将污染周边环境，影响周边居民和生活区、办公区的环境；另一方面会影响规模化鸡场的生产环境，导致上下批之间疫病的传播，直接影响规模化鸡场的疫病防控和养殖效益。

另外，在规模化鸡场设计过程中，过分考虑节约场地，必将导致孵化场、种鸡场、育雏场、育成场、种鸡场和商品场之间距离过近，导致不同场之间疫病交互感染，不利于鸡场的防疫。同时在场区布局过程中，如果不考虑主风向，必将导致鸡场污染生活区。同时大龄鸡、低代鸡污染幼龄鸡和高代鸡，引起鸡场内疫病流行，相互感染。

三、鸡场设计建设与卫生防疫

鸡场规划和布局完成以后，重点是做好设计和建设。

1. 鸡场的设计建设应满足鸡生产性能的需要 规模化鸡场的建设应根据当地气候特点，结合生产类型及鸡场卫生防疫要求，选择不同的建筑材料和房舍类型，从而满足鸡的生物学行为特点，为鸡创造适宜的生存和生活环境，保障鸡场安全生产。

2. 鸡场建设是鸡场卫生防疫的要求 鸡的传染病、侵袭病、营养缺乏性疾病较多，要严格按照鸡场卫生防疫要求进行建设，满足鸡场生物安全体系和建设要求；减少疫病发生，提高鸡的生产性能和养殖效益。

第二节 规模化鸡场的场址选择

规模化鸡场场址的选择，应综合考虑多种因素，如地形地势、水源水质、土壤、气候、交通、电力、物资供应、防疫条件、自然灾害及周边环境等，以确定最佳位置。

一、自然条件

1. 地势地形及面积

（1）地势是指场地的高低起伏状况，规模化鸡场的场地应选在地势较高、干燥平坦、排水良好和向阳背风的地方。

因为我国冬季多北风或西北风，夏季多南风或东南风，因而在坡地建场宜选南坡，这样可使鸡场在冬季既有充足的光照，又能避开寒风的侵袭，而在夏季可充分利用自然风。鸡场的坡度不宜过大，否则对于饲养管理不利，一般总坡度不超过8%，建筑区坡度在2.5%以内；坡度过大，不但在施工中需要大量填挖土方，增加基建投资，而且建成投产后也会给场内运输和管理工作造成不便。山区建场还要注意地质构造情况，避开断层、滑坡、塌方的地段，也要避开坡底和谷地以及风口，以免受山洪和暴风雪的袭击。

地势低洼、地下水位高的场地，易潮湿、通风不良，夏季闷热，蚊蝇和微生物容易滋生，饲草饲料易发霉、腐烂，冬季潮湿阴冷，不利于鸡的健康，且机械设备也容易锈蚀，不宜做鸡场的场址。因此，场地应高燥，以利排水，至少应不低于当地历史洪水线。平原地区一般场地比较平坦、开阔，场址应注意选择在比周围地段稍高的地方，以利排水；地下水位要低，以低于建筑物地基深度0.5m以下为宜。

（2）地形是指场地的形状，养鸡场的地形要开阔整齐，最好是正方形，不要过于狭长或边角太多。地形太长，鸡场建筑物布局就会显得松散，拉长了生产作业线，并且给场内运输和管理造成不便，同时也会增大场区防护和建设的投资。边角太多，易造成鸡舍建筑布局不合理，增加管线和道路长度，不利于生产作业和场内运输，更不利于机械化设备作业和卫生防疫。

（3）场地面积应该根据鸡的品种、饲养管理方式、集约化程度和饲料供应情况等因素确定。在确定场地面积时，可参照表1.1。

表1.1　鸡场所需场地面积推荐值

（李震钟，《家畜环境卫生学附牧场设计》，1993）

牧场性质	规模	所需面积（m^2/只）	备　注
蛋鸡场	10万~20万只蛋鸡	0.65~1.0	本场养种鸡，蛋鸡笼养，按蛋鸡计
蛋鸡场	10万~20万只蛋鸡	0.5~0.7	本场不养种鸡，蛋鸡笼养，按蛋鸡计
肉鸡场	年上市100万只肉鸡	0.4~0.5	本场养种鸡，肉鸡笼养，按存栏20万只肉鸡计
肉鸡场	年上市100万只肉鸡	0.7~0.8	本场养种鸡，肉鸡平养，按存栏20万只肉鸡计

2. 水源水质 建立一个现代化标准化鸡场，必须有可靠的水源保证。养鸡场的水源要求水量充足，水质良好，便于取用和进行卫生防护。

养鸡场水源的水量，必须能够满足养鸡场内的人、畜饮用和其他生产（如清洗调制饲料，冲洗鸡舍，清洗机具、用具等）、生活用水，并应考虑消防、灌溉和未来发展的需要。人员用水可按每人每天24 ~ 40L计算，鸡饮用水和饲养管理用水可按每只每天1L计算（雏鸡、幼鸡按50%计），消防用水按我国防火规范规定。场区设地下消火栓，每处保护半径应不大于50m，消防水量按每秒10L计算，消防延迟时间按2h考虑，灌溉用水可以根据场区绿化、饲料种植情况确定。

目前，鸡场的水源一般来自地面水和地下水。地面水由于水面暴露，污染机会多，特别是工业废水和生活污水排入水体，易造成疫病传播和药物、重金属中毒，故选用地面水作为鸡场水源时一般是用自来水厂处理好的水而不自行处理；地下水指井水和泉水，一般水质清洁，水量充足，特别是深层地下水是鸡场的理想水源。在计划使用地下水作为水源的鸡场，第一步应先打一眼井，如果打井时发现流速慢、泥沙多或水质存在问题，最好是另选场址。对鸡场而言，建立自己的水源，确保供水数量和质量是十分必要的。无论采用哪种水源，水质标准必须符合我国饮用水标准。

若地下水源水不符合饮用水卫生标准时，需要净化和消毒处理后再用。若水源的水需经过复杂的处理才能饮用时，一般应放弃该场址。

3. 土壤 土壤状况对鸡的健康、管理和生产性能有很大影响。土壤还影响到场区的空气、水质和植被的化学成分及生长状态，而且影响土壤的净化作用。如果土壤的透气性和透水性不良、吸湿性大，受到粪尿等有机物污染后，往往会发生厌氧分解，产生氨和硫化氢等有害气体，污染场区空气。潮湿的土壤还容易使病原微生物、寄生虫卵以及蝇蛆等存活和滋生，从而给鸡的健康带来不良影响。土壤质地对养鸡场建筑使用年限也有影响，吸湿性强、含水量大的土壤，因抗压性低，易使建筑物的基础变形，缩短建筑物的使用寿命，同时也会降低鸡舍的保温隔热性能。

土壤质地可分为黏土、沙土和壤土三大类。

(1) 黏土：颗粒细小，其热容量大，温度状况良好，但透气透水性差，一般持水力和毛细管作用强，易造成场地积水、潮湿泥泞，使场区空气湿度大，有利于微生物和寄生虫滋生，鸡体表卫生差，而且易引起肠道疾病发生率增高，并且使建筑物受潮，降低其保温隔热性能和使用年限，同时污染物通过水的流动和渗透，可污染地面水和浅层地下水。黏土一般抗压能力较小，加之潮湿易受冻胀，故需加大基础设计强度。

(2) 沙土：透气透水性好，一般持水力和毛细管作用较差，不潮湿，易干燥，受污染后污染物容易氧化分解而达到自净，场区卫生状况较好。但其导热性能较强，热容量较小，场区日夜温差较大，其抗压能力一般较大，且不易受冻胀，建筑物也不易受潮。

(3) 壤土：各种特性介于沙土和黏土之间，这种土壤透气、透水性好，地温稳定，抗压性好，持水性小，雨后不泥泞，易保持适当的干燥，是建鸡场最适合的土壤。但是一定地区内，由于客观条件的限制，选择最理想的土壤是不易实现的。这就要在养鸡场设计、施工、使用和日常管理上，设法弥补当地土壤的缺陷，同时由于土壤污染后污染物不易彻底清除与消毒，故选址时应避免选在被疫病和毒物污染过的地方。

此外，由于土壤的化学成分可通过水和饲料进入鸡的体内，有些地方土壤中某些微量元素过多或缺乏，可导致鸡发生某些矿物元素的地方性中毒症或缺乏症。了解拟建地段附近土质情况，对施工用材也有意义，如沙层可以作为砂浆、垫层的骨料，就地取材以节省投资。

二、社会条件

社会条件是指养鸡场与周围社会环境的关系，如与居民区、其他畜禽场的关系，交通运输以及电力供应条件等。

1. 地理位置与交通运输　养鸡场与外界联系密切，特别是大型集约化商品鸡场，其物资需求和产品供销量极大，故应保证交通方便。养鸡场场外应通有公路，以保证饲料和产品的出入，但交通干线又往往是疫病传播的途径。因此，在选择场址时，既要考虑到交通方便，又要使鸡场与交通干线保持适当的卫生间距。按照养鸡场建设标准，要求距离国道、省际公路500m；距省道、区际公路300m，距一般道路100m，大型鸡场之间应不少于1 000m，距离一般牧场应在500m以上，距离居民区1 000～3 000m，养鸡场应选在文化、商业区及居民点的下风处且地势较低处，要避开其污水排出口，但不能将场址选在化工厂、屠宰场、制革厂等容易产生环境污染企业的下风向处或附近；在城镇郊区建场，距离大城市5km，小城镇2km；禁止在旅游区、城镇水源保护区和疫区建场；鸡场应修建专用道路与主要公路相连。

2. 电力供应　选择场址必须考虑供电条件。为了保证生产的正常进行，减少供电投资，应尽量靠近原有输电线路，缩短新线架设距离。因此须了解供电源的位置，与鸡场的距离，最大供电允许量，是否经常停电，有无可能以双路供电等；通常建设养鸡场要求有Ⅱ级供电电源，场内还要有自备发电机，以保证场内供电的稳定可靠。

3. 饲料供应　饲料是畜牧生产的物质基础，饲料费用一般可占养鸡成本的70%左右。因此，选择场址时还应考虑饲料的就近供应。

4. 其他　场址选择必须符合本地区农牧业生产发展总体规划、土地利用发展规划和城乡建设发展规划的用地要求。在开始建设以前，应获得市政、建设、环保等有关部门的批准，还必须取得施工许可证。此外，选择的场址也要满足生产发展的要求，符合企业和业主的意愿。必须遵守十分珍惜和合理利用土地的原则，不得占用基本农田，尽量利用荒地和劣地建场。大型畜牧企业分期建设时，场址选择应一次完成，分期征地。近期工程应集中布置，征用土地满足本期工程所需面积。远期工程可预留用地，随建随征。征用土地可按场区总平面设计图计算实际占地面积。以下地区或地段的土地不宜征用：①规定的自然保护区、生活饮用水水源保护区、风景旅游区；②受洪水或山洪威胁及有泥石流、滑坡等自然灾害多发地带；③自然环境污染严重的地区。

第三节 养鸡场场地规划和建筑物布局

场地规划是指场地选定后，根据场地的地形地势和当地主风向，计划和安排养鸡场不同建筑功能区、道路、排水、绿化等地段的位置；建筑物布局是指根据场地规划方案和工艺设计对各种建筑物的规定，合理安排每栋建筑物和每种设施的位置和朝向。场地规划和建筑物布局必须结合进行，综合考虑，提出几种方案，反复比较分析后确定方案并绘出总平面图。

一、养鸡场场地规划

1. 养鸡场场地规划的总体原则

（1）有利于改善场区的小气候。鸡场规划要有利于改善鸡场的环境条件，合理布置各种建（构）筑物，保证建筑物具有良好的朝向，满足采光和自然通风条件，并有足够的防火间距；能够适合设备安装的要求，且具有一定的超前性，便于先进饲养管理技术的运作。在满足其使用功能要求的条件下，创造经济合理的生产环境和良好的工作环境。

（2）有利于生产和防疫。各区规划应符合不同养鸡场的生产工艺设计要求，要从人畜卫生防疫和工作方便的角度考虑，根据场地地势和当地全年主风向，合理组织场内、外的人流和物流，为养鸡生产创造最有利的卫生防疫条件和生产联系，实现高效生产。防疫上绝对保证本场人畜安全，避免外界干扰和污染，同时不会污染和影响周围环境。

（3）有利于施工。因地制宜，合理利用地形地物，建筑物长轴尽可能顺场区的等高线布置，尽量减少土石方工程量和基础设施工程费用，最大限度地减少基本建设费用。有效地利用原有道路、供水供电线路以及原有建筑物，以减少投资和降低生产成本。土建工程和管道、线路的设计与施工都应一次完成，道路、排水、排粪、绿化等工程也应随着完成。

（4）就地取材。场内生产所需的原材料能就地取材且来源充足；生产的产品营销方便，且具有广阔的市场。

（5）节约用地。在满足生产要求的前提下，建（构）筑物布局应紧凑，节约用地，少占或不占可耕地。

（6）有利于环保。养鸡场建设必须考虑养鸡粪便、污水及其他废弃物的处理和利用，确保其符合清洁生产的要求。

（7）有利于今后发展。在占地满足当前使用功能的同时，应充分考虑今后的发展，留有余地。特别是对生产区的规划，必须兼顾将来技术进步和改造的可能性，可按照分阶段、分期、分单元建场的方式进行规划，以确保达到最终规模后总体的协调和一致。

2. 养鸡场功能分区　在进行养鸡场分区规划时，同场址选择一样，首先应从人畜保健的角度出发，考虑地势和主风向进行合理分区，建立最佳生产联系和卫生防疫条件，来合理安排各区位置。养鸡场的功能分区是否合理，各区建筑物布局是否得当，不仅影响基建投资、经营管理、生产组织、劳动生产率和经济效益，而且影响场区的环境、小气候状况和防疫卫生效果。因此，认真做好养鸡场的分区规划，确定场区各种建筑物的合理布局，是建立良好的牧场环境，确保各个生产环节能高效、有序地进行的基础和可靠保证。养鸡场通常分为生产管理区、辅助生产区、生产区和隔离、粪污处理区（图 1.1）。

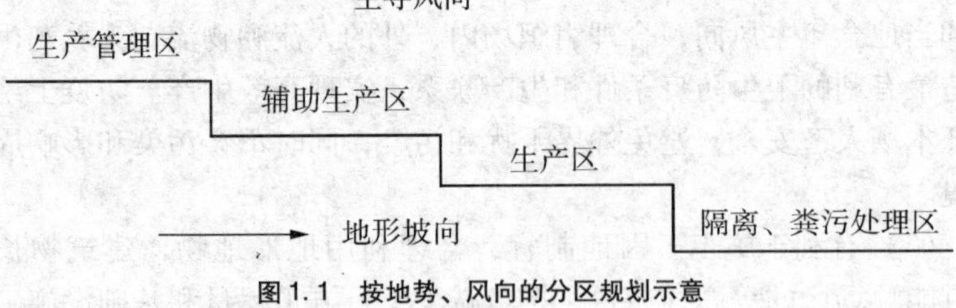

图 1.1　按地势、风向的分区规划示意

（1）生产管理区：也称场前区，是养鸡场从事经营管理活动的功能区，主要包括办公室、接待室、会议室、技术资料室、化验室、餐厅、职工宿舍、厕所、传达室、围墙和大门，以及外来人员第一次更衣消毒室和车辆消毒设施等建筑和设施，与社会环境具有极为密切的联系。此区位置的确定，风向上应处于全场的最上风向，地势应位于最高处，若风向与地势存在矛盾，以风向为主，另外还应考虑将其设在与外界联系方便的位置。为了防疫安全，又便于外面车辆将饲料运入和饲料成品送往生产区，应将饲料加工车间和料库设在该区与生产区隔墙处。但对于兼营饲料加工销售的综合型大场，则应在保证防疫安全和与生产区保持方便联系的前提下，独立组成饲料生产小区。此外，由于负责场外运输的车辆严禁进入生产区，其车棚、车库应设在管理区。同理，待出售的鸡产品其仓库及其他杂品库也应设在管理区。另外，管理区的供水、供电、供热、维修、仓库等设施，要紧靠生产区布置；对于饲料仓库，则要求仓库的卸料口开在辅助生产区内，仓库的取料口开在生产区内，杜绝外来车辆进入生产区，保证生产区内外运料车互不交叉使用。

(2) 生产区：生产区是养鸡场的核心区，包括鸡舍、饲料调制和贮存建筑物。此区应位于生产管理区的下风向和隔离区的上风向。规划时应考虑是从事育种、孵化、育雏、育成到商品生产全过程，还是只从事养鸡生产的某一阶段或环节的生产如育雏、育成。

由于卫生防护的需要，垫料的堆放场所不但应与堆粪池、病鸡隔离舍保持一定的卫生间距，而且要考虑避免场外运送垫料的车辆进入生产区。

(3) 隔离、粪污处理区：隔离、粪污处理区包括兽医诊疗室、病鸡隔离舍、尸坑或焚尸炉、粪便污水处理设施等。隔离、粪污处理区应处于全场常年主导风向的下风处和场区最低处，并应与生产区之间设置适当的卫生间距和绿化隔离带。该区应尽可能与外界隔绝，四周应有隔离屏障，如防疫沟、围墙、栅栏或浓密的乔灌木混合林带，并设单独的通道和出入口。处理病死鸡的尸坑或焚尸炉更应严格隔离。此外，在规划时还应考虑严格控制该区的污水和废弃物，防止疫病蔓延和污染环境。

二、养鸡场建筑物的合理布局

养鸡场建筑物的合理布局，是指合理设计各种鸡舍建筑物及设施的排列方式和次序，确定每栋建筑物和每种设施的位置、朝向和相互之间的间距。建筑物布局合理与否，不仅关系到养鸡场生产联系和管理工作、劳动强度和生产效率，也关系到场区和每栋鸡舍的小气候状况及鸡场的卫生防疫，因此，养鸡场建筑物布局必须考虑各建筑物之间的功能关系、小气候的改善、卫生防疫、防火和节约用地等。在养鸡场布局时，为合理布局养鸡场的建筑物，须先根据所规定的任务与要求（养哪种鸡、养多少、产品产量），确定饲养管理方式、集约化程度和机械化水平、饲养需要量和饲料供应情况，然后进一步确定各种建筑物的形式、种类、面积和数量。在此基础上综合考虑场地的各种因素，从而制订最合理的布局方案。

1. 建筑物的排列　养鸡场建筑物通常应遵循横向成排（东西）、竖向成列（南北）的设计原则，尽量做到合理、整齐、紧凑、美观。

养鸡场建筑物排列的合理与否，关系到场区小气候、鸡舍的光照和通风、建筑物之间的联系、道路和管线铺设的长短、场地的利用率等。如果场地条件允许，应尽量避免将建筑物布置成横向狭长或竖向狭长，因为狭长形布置势必造成饲料、粪污运输距离加大，造成管理和工作联系不便，道路、管线加长，建场投资增加。因此，要根据场区形状、鸡舍的数量和每栋鸡舍的长度等进行布置。生产区内鸡舍的布置，应根据场地形状、鸡舍的数量和长度，可以布置为单列、双列或多列（图 1. 2）。

2. 建筑物的位置　确定每栋建筑物和每种设施的位置时，要根据现场的具体条件和遵循分区规划的要求，主要考虑它们之间的功能关系和卫生防疫要求养鸡场各类建筑物和设施之间的功能联系，如图 1. 3 所示。在安排其位置时，应将相互有关、联系密切的建筑物和设施就近设置，以便于生产联系。

功能关系是指房舍建筑物及设施之间，在畜牧生产中的相互关系。养鸡场建筑的布局必须按彼此间的功能关系统筹安排，否则将影响生产的顺利进行，甚至造成无法克服的后果。因此，考虑各建筑物和设施的功能联系，应按育雏舍、育成舍、产蛋舍的顺序相互靠近设置。饲料调制、贮存间和贮粪场等与每栋鸡舍都发生密切联系，其位

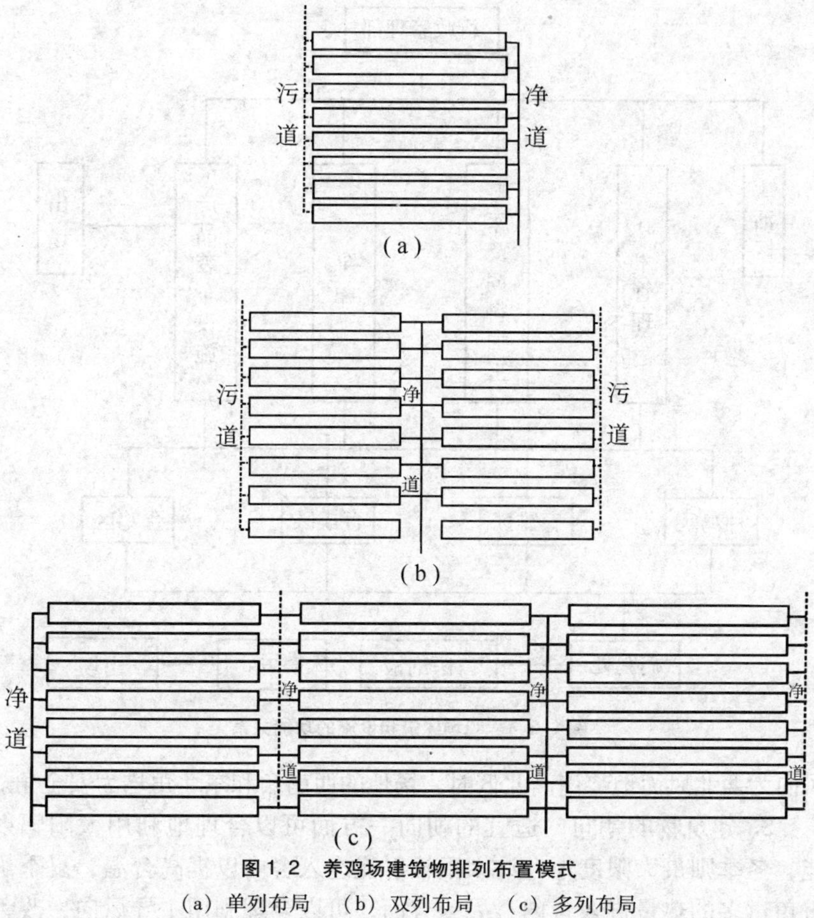

图 1.2　养鸡场建筑物排列布置模式

(a) 单列布局　(b) 双列布局　(c) 多列布局

置的确定应尽量使其至各栋鸡舍的线路距离最短，同时要考虑净道和污道的分开布置及其他卫生防疫要求。

考虑卫生防疫要求时，应根据场地地势和当地全年主风向，尽量将种鸡、幼鸡安置在上风向和地势较高处，成年鸡生产群则可置于下风向和相对较低处，病鸡和粪污处理等应置于最下风向和地势最低处。场地地势与当地主风向恰好一致时较易安排，但这种情况并不多见，往往出现地势高处正是下风向的情况，此时可利用与主风向垂直的对角线上的两“安全角”，来安置防疫要求较高的建筑物。例如，主

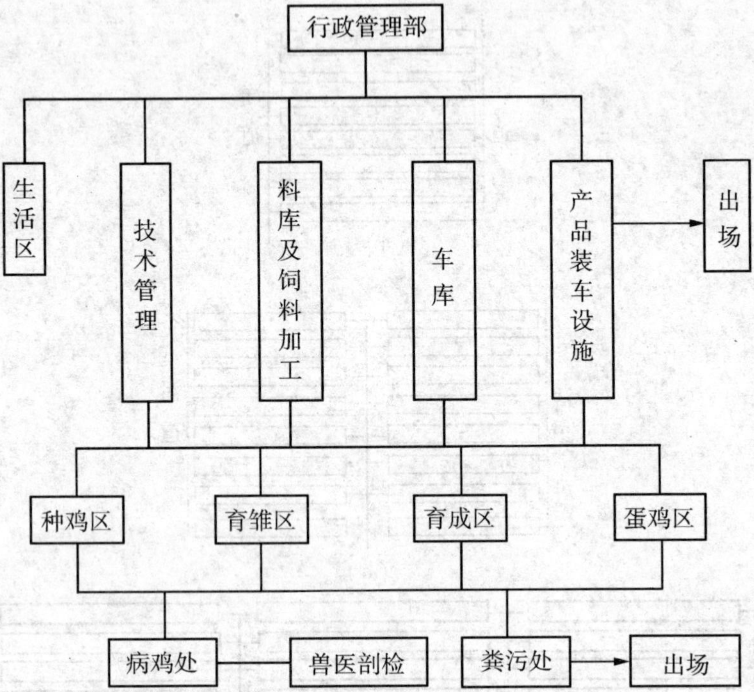

图 1.3　养鸡场建筑和设施的功能关系

风向为西北风而地势南高北低时，场地的西南角和东北角均为安全角。

3. 建筑物的朝向　适宜的朝向一方面可以合理地利用太阳辐射能，冬季则最大限度地允许太阳辐射能进入舍内以提高舍温，夏季可避免过多的热量进入舍内；另一方面，可以合理利用主导风向，改善通风条件，从而为获得良好的饲养环境提供可能。鸡舍建筑一般为长矩形，其长轴方向的墙为纵墙，短轴方向的墙为山墙（端墙）。鸡舍朝向一般以其正面纵墙法线（垂线）与当地子午线的夹角 α 表示，$\alpha=0°$ 为南北向；$\alpha=90°$ 为东西向；当正面纵墙朝南偏东或偏西且 $0°<\alpha<90°$ 时，称南偏东或偏西若干度；当正面纵墙朝北偏东或偏西且 $0°<\alpha<90°$ 时，称北偏东或偏西若干度。

（1）朝向与通风：考虑鸡舍通风的要求来确定朝向时，可向当地气象部门了解本地风向频率图，结合防寒防暑要求，确定通风所需适宜朝向。鸡舍布置与场区所处地区的主导风向关系密切，主导风向直接影响冬季鸡舍的热量损耗和夏季鸡舍的舍内和场区的通风，特别是在采用自然通风系统时。

从室内通风效果看，若风向入射角（鸡舍墙面法线与主导风向的夹角）为零时，舍内与窗间墙正对这段空气流速较低，有害空气不易排除；风向入射角改为 30°～60°时，舍内低速区气流减少，改善舍内气流分布的均匀性，可提高通风效果。

从整个场区的通风效果看，风向入射角为零时，鸡舍背风面的涡流区较大，有害气体不易排除；风向入射角改为 30°～60°时，有害气体能顺利排除（图 1.4）。从冬季防寒要求看，若冬季主导风向与鸡舍纵墙垂直，则会使鸡舍的热损耗最大（图 1.5）。

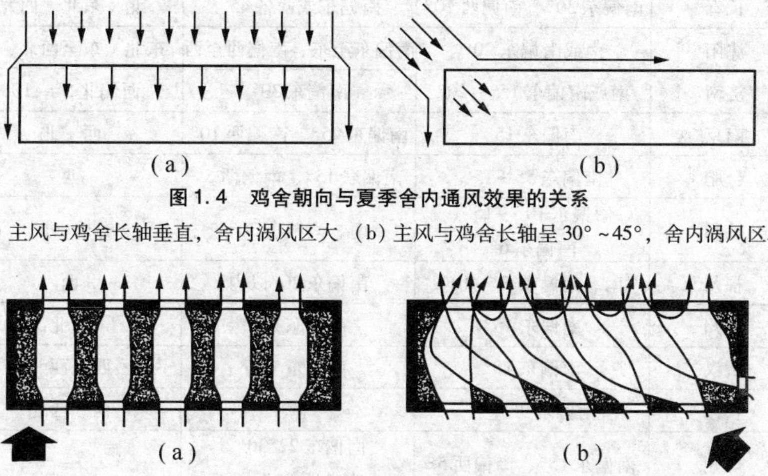

（a）　　　　　　　　　　　　（b）

图 1.4　鸡舍朝向与夏季舍内通风效果的关系

（a）主风与鸡舍长轴垂直，舍内涡风区大　（b）主风与鸡舍长轴呈 30°～45°，舍内涡风区小

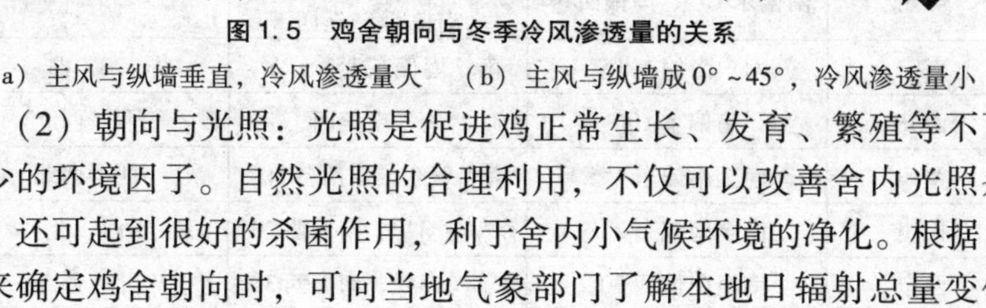

（a）　　　　　　　　　　　　（b）

图 1.5　鸡舍朝向与冬季冷风渗透量的关系

（a）主风与纵墙垂直，冷风渗透量大　（b）主风与纵墙成 0°～45°，冷风渗透量小

（2）朝向与光照：光照是促进鸡正常生长、发育、繁殖等不可缺少的环境因子。自然光照的合理利用，不仅可以改善舍内光照条件，还可起到很好的杀菌作用，利于舍内小气候环境的净化。根据日照来确定鸡舍朝向时，可向当地气象部门了解本地日辐射总量变化

图，结合当地防寒防暑要求，确定日照所需适宜朝向。

表1.2列出了我国部分地区民用建筑最佳和适宜朝向，供确定鸡舍朝向时参考。一般情况下，鸡舍朝向可根据当地的地形条件和气候特点，综合日照和通风的要求，即可得出当地的鸡舍最佳朝向。

表1.2 全国部分地区建筑朝向表

地区	最佳朝向	适宜朝向	不宜朝向
北京	南偏东或西各30°以内	南偏东或西45°以内	北偏西30°~60°
上海	南至南偏东15°	南偏东30°、南偏西15°	北、西北
石家庄	南偏东15°	南至南偏东30°	西
太原	南偏东15°	南偏东至东	西北
呼和浩特	南至南偏东、南至南偏西	东南、西南	北、西北
哈尔滨	南偏东15°~20°	南至南偏东或偏西各15°	北、西北、北
长春	南偏东30°、南偏西10°	南偏东或西各45°	北、东北、西北
沈阳	南或南偏东20°	南偏东至东、南偏西至西	东北、东至西北、西
济南	南或南偏东15°~20°	南偏东30°	西偏北5°~10°
南京	南偏东15°	南偏东25°、南偏西10°	西、北
合肥	南偏东5°~15°	南偏东15°、南偏西5°	西
杭州	南偏东10°~15°、南偏东6°	南、南偏东30°	北、西
福州	南、南偏东5°~10°	南偏东20°以内	西
郑州	南偏东15°	南偏东25°	西北
武汉	南偏东15°	南偏东15°	西、西北
长沙	南偏东9°左右	南	西、西北
广州	南偏东15°、南偏西5°	南偏东22°30′、南偏西5°至西	—
南宁	南、南偏东15°	南、南偏东15°~25°	东、西
西安	南偏东10°	南、南偏西	西、西北
兰州	南至南偏东15°	南、偏东或偏西各30°	西、西北
银川	南至南偏东23°	南偏东34°、南偏西20°	西、北
西宁	南至南偏西30°	南偏东34°、南偏西30°	北、西北

续表

地区	最佳朝向	适宜朝向	不宜朝向
乌鲁木齐	南偏东 40°、南偏西 30°	东南、东、西	北、西北
成都	南偏东 45°、南偏西 15°	南偏东 45°、东偏北 30°	西、北
昆明	南偏东 25°～56°	东、南、西	北偏东或偏西各 35°
拉萨	南偏东 10°、南偏西 5°	南偏东 15°、南偏西 10°	东、西
厦门	南偏东 5°～10°	南偏东 22°30′、南偏西 10°	南偏西 25°、西偏北 30°
重庆	南、南偏东 10°	南偏东 15°、南偏西 5°、北	东、西
青岛	南、南偏东 5°～15°	南偏东 15°至南偏西 15°	西、北
大连	南、南偏西 15°	南偏东 45°、南偏西、西	北、西北、东北

吉林建筑设计院，建筑日照设计（中国建筑工业出版社），1979。

4. 建筑物间距　相邻两栋建筑物纵墙之间的距离称为间距。确定鸡舍间距主要从日照、通风、防疫、防火和节约用地等多方面综合考虑。间距大，前排鸡舍不致影响后排光照，并有利于通风排污、防疫和防火，但势必增加牧场的占地面积。因此，必须根据当地气候、纬度、场区地形、地势等情况，酌情确定鸡舍适宜的间距。如前所述，鸡舍朝向一般为南向或南偏东、偏西一定角度。

（1）日照间距：应使南排鸡舍在冬季不遮挡北排鸡舍日照，一般可按一年内太阳高度角最小的冬至日计算，而且应保证冬至日 9～15 点这 6 小时内使鸡舍南墙满日照，这就要求间距不小于南排鸡舍的阴影长度，而阴影长度与鸡舍高度和太阳高度角有关。经计算，南向鸡舍当南排舍高（一般以檐高计）为 H 时，要满足北排鸡舍的上述日照要求，在北纬 40°地区（北京），鸡舍间距约需 $2.5H$，北纬 47°地区（齐齐哈尔）则需 $3.7H$。可见，在我国绝大部分地区，间距保持檐高的 3～4 倍时，可满足冬至日 9～15 点南向鸡舍的南墙满日照。

（2）通风间距：应使下风向的鸡舍不处于相邻上风向鸡舍的涡风区内，这样，既不影响下风向鸡舍的通风，又可使其免遭上风向鸡舍排出的污浊空气的污染，有利于卫生防疫。据试验，当风向垂直于鸡舍纵墙时，涡风区最大，约为其檐高 H 的 5 倍（图 1.6），当风向不垂直于纵墙时，涡风区缩小。可见，鸡舍的间距取檐高的 3 ~5 倍时，可满足鸡舍通风排污和卫生防疫要求。

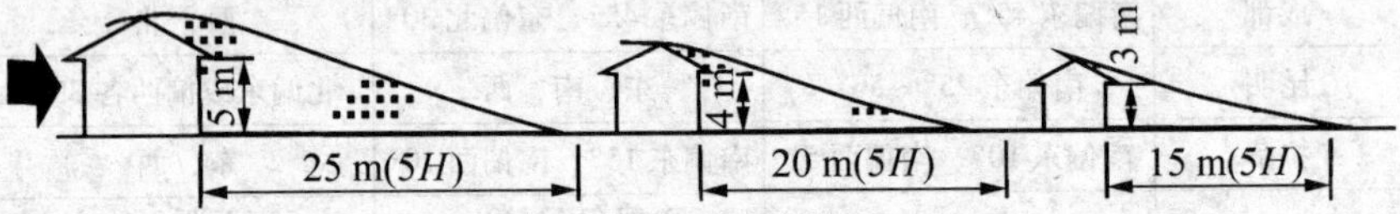

图 1.6　风向垂直于纵墙时鸡舍高度与涡风区的关系

（3）防火间距：取决于建筑物的材料、结构和使用特点，可参照我国建筑防火规范。鸡舍建筑一般为砖墙、混凝土屋顶或木质屋顶做吊顶，耐火等级为二级或三级，防火间距为 6 ~8m。

综上所述，鸡舍间距不小于鸡舍檐高的 3 ~5 倍时，可基本满足日照、通风、排污、防疫、防火等要求。

第四节　鸡舍的类型与基本结构

一、鸡舍的基本类型

鸡舍按与外界隔绝程度不同，可分为密闭舍和开放舍两大类型。这两类鸡舍，因与外界环境隔绝的程度不同，舍内的空气环境（温度、湿度、通风、光照等）的特点也各有不同。

1. 密闭舍

（1）结构特点：密闭舍是由屋顶、围墙以及地面构成的全封闭状态的鸡舍，该种鸡舍具有良好的隔热隔光能力，便于人工控制舍内环境。

（2）小气候特点：由于密闭舍封闭较好，采取供暖降温措施的效果较好，也便于进行人工控光。

2. 开放舍

（1）结构特点：开放舍根据开放程度又可分为有窗舍、半开放舍和棚舍。有窗舍与密闭舍类似，但墙上开有窗户；半开放舍指上有屋顶、三面有墙、正（南）面无墙（或有半截墙）的鸡舍；棚舍指只有柱子和屋顶而没有墙壁的舍。

（2）小气候特点：这类鸡舍的优点是有利于采光节能，保持舍内空气清新，管理方便，造价较低。缺点是受外界气候的影响较大，不便于进行环境控制，防寒能力不如密闭舍，尤其是棚舍。

二、鸡舍的基本结构

鸡舍同其他建筑物一样，由屋顶、顶棚、墙壁、门窗、地面、基础等部分组成。鸡舍的墙壁、屋顶、门、窗和地面构成鸡舍的外壳，称为“鸡舍外围护结构”。鸡舍以其外围护结构而使舍内空间不同程度地与外部隔开，形成不同于舍外环境状况的鸡舍小气候。因而，鸡舍内小气候状况在很大程度上取决于鸡舍的外围护结构。

1. 基础 基础是鸡舍的地下部分，是墙壁的延续和支撑。基础应该坚固、耐久，具有抗机械作用力以及防潮、抗震、抗冻能力，基础一般比墙体宽 10～15cm。

基础的埋置深度应该根据鸡舍的总荷载、地基的承载力、土层的冻胀程度及地下水的情况而定。在不膨胀土层上修建鸡舍时，一般深度为 50～70cm。北方地区在膨胀土层上修建鸡舍时，应该将基础埋置在土层最大冻结深度以下。基础受潮是引起墙壁潮湿、损坏及舍内湿度升高的原因之一，所以应该注意基础的防潮、防水。

2. 墙壁 墙壁是鸡舍与外部环境隔开的重要外围护结构，对舍内温度和湿度状况起着重要作用，冬季通过墙壁散失的热量占鸡舍总散失热量的 35%～40%。因此，墙壁必须具备的特性是：坚固、耐久、抗震、防水、防火、抗冻，结构简单，便于清扫和消毒，保温和隔热。

墙壁的保温、隔热能力取决于所采用建筑材料的特性与厚度。尽可能地选用隔热性能良好的材料，保证最好的隔热设计，在经济上是最有利的措施。

墙壁应具有相应的厚度且严密无缝，否则在冬季，特别是寒冷地区，就不能保证舍内应有的温度，从而导致水汽在墙壁表面凝结，造成舍内潮湿。而在炎热地区，如墙壁隔热能力较弱，必然导致舍内温度过高。

墙壁有不同的功能，如承受屋顶重量的墙称为承重墙；起分隔作用的墙称为隔断墙；与外界直接接触的墙统称为外墙；不与外界接触的墙称为内墙；与鸡舍长轴平行的外墙称为纵墙、主墙或长墙；与鸡舍长轴垂直的外墙称为山墙或端墙。由于墙的功能不同，所以设计与施工中的要求也不同。

3. 门窗 鸡舍的门有外门与内门之分。鸡舍通向舍外的门称为外门，其功能是保证物品和人员进出，保证生产过程（主要是运进饲料与清理粪便）的顺利进行和在意外情况下能将鸡迅速撤出。舍内分间的门和鸡舍附属建筑通向舍内的门称为内门。

鸡舍门一般宽 1.5 ~ 2.0m、高 2.0 ~ 2.4m。人行便门宽 0.8 ~ 1.0m、高 2.0 ~ 2.4m。

每栋鸡舍至少有两个外门，通常设在两端墙上，正对着中央通道，便于运进饲料和清理粪便，也有利于机械化作业。鸡舍较长或带有舍外运动场时可以在纵墙上设门，应设在向阳背风的一侧。

鸡舍门在温暖地区可以修成栅栏门，有利于通风；在寒冷地区为了减少通过门散失的热量，可以设门斗。修建门斗时，可以和生产辅助用房结合起来，把门斗走向鸡舍的通道两侧空间作为生产辅助用房，中间的通道部分就形成了门斗。门斗的深度应不小于 2m，其宽度应比舍门宽 1 ~ 2m。

鸡舍门应向外开，其上不应有尖锐突出物，不应有门槛、台阶。为防止雨、雪水流入舍内，舍内地面应该比舍外高出 30 ~ 40cm，并用坡道相连。

窗的主要作用是保证鸡舍良好的采光和通风。因此，窗户的大小和位置对舍内的光照和温度状况具有重要意义。由于窗户多设在墙壁和屋顶上，所以也是墙与屋顶失热的重要部分。考虑到采光、通风与保温的矛盾，在窗户的设置上，寒冷地区必须统筹兼顾。一般设置原则是在保证采光系统要求的前提下，尽量少设窗户，以能保证夏季通风为宜。立式窗户比卧式窗户的光照强度高 15% ~ 20%。在总面积相同时，大窗户比小窗户有利于采光。为了保证鸡舍采光均匀，墙壁上窗户应等距分布。窗间距的宽度不应超过窗宽的两倍。为解决采光与保温的矛盾，可采用导热系数小的透明塑料板作为屋顶。采用无窗鸡舍，能有效地控制鸡舍环境，但是必须保证可靠的人工照明和可靠的通风换气系统，要绝对保证电气供应。

4. 地面 鸡舍地面应满足的基本要求有：①平坦、致密、坚实、无裂缝、不硬不滑。②有足够的抗机械能力和抗各种消毒方式的能力。③导热性小，不渗水，易于清扫与消毒。④粪道有适当的坡度，以保证冲刷及刮粪的顺利排出。

地面损失的热量占鸡舍总失热量的12%～17%，因此，在选择地面建筑材料时，必须注意其导热性。导热能力强的地面，当鸡躺在其上时，将地面温暖所需要的时间长；导热能力弱的地面，所需时间短。木地板温暖到9℃需2h，而水泥地面则需7h。可见水泥地面属冷地面，在炎热季节，有利于鸡散热，而寒冷季节，鸡则不宜直接卧在水泥地面上。

5. 屋顶 屋顶在夏季接受太阳辐射热比墙多，而冬季由于舍内外温差大，舍内空气受热上升，失热也多，因此，屋顶必须有较好的保温隔热性能。

屋顶的基本形式有坡屋顶、平屋顶和拱形屋顶三种。坡屋顶又可分为单坡式、联体式、双坡式、半钟楼式、钟楼式，多个鸡舍单元或多幢鸡舍组合在一起则形成联体式。

6. 圈梁和过梁 圈梁是在房屋的檐口、窗顶、楼层、吊车梁顶或基础顶面标高处，沿砌体墙水平方向设置封闭状的按构造配筋的混凝土梁式构件。

圈梁通常设置在基础墙、檐口和楼板处，其数量和位置与建筑物的高度、层数、地基状况和抗震强度有关。

圈梁是沿建筑物外墙四周及部分内横墙设置的连续封闭的梁。其目的是为了增强建筑的整体刚度及墙身的稳定性。圈梁可以减少因基础不均匀沉降或较大振动荷载对建筑物的不利影响及其所引起的墙身开裂。在抗震设防地区，利用圈梁加固墙身就显得更加必要。

鸡舍一般都是砖混结构式建筑，为了保证鸡的安全和减少生产成本，获得更大经济效益，在建造鸡舍时一般都要加设圈梁，以使鸡舍更加牢固。

当墙体上开设门窗洞口时，为了支撑洞口上部砌体墙所传来的各种荷载，并将这些荷载传给窗间墙，常在门窗洞口上设置横梁，该梁称为过梁。其作用是承受门窗洞口上部的荷载，并把它传到门窗两侧的墙上，承重墙上面的过梁还承受楼板压力。过梁一般在建造开放舍时使用。

第五节　养鸡场公共卫生设施的设置

一、运动场的设置

舍外运动场应选择背风向阳的地方，一般是利用鸡舍间距，也可在鸡舍两侧分别设置，如受地形限制，也可设在场内比较开阔的地方，但不宜距离鸡舍太远；运动场地面要平坦，坡度不大，但要有利于排水和保持干燥。

运动场地面通常有水泥地面、砌砖地面、沙土地面、三合土地面、半土半水泥地面等几种常见的形式；四周应设置围栏或墙；在运动场的一侧（一般在西侧及南侧）应设置遮阳棚或种植树木，以减少夏季烈日暴晒。运动场围栏外侧应设排水沟。

运动场的面积，应能保证鸡的自由活动，同时要节约用地，一般按每只鸡所占舍内平均面积的3~5倍计算。

现代集约化饲养的鸡，由于利用全价饲料、人工控制小气候，所以一般不强调运动，不设运动场。

二、场内道路的设置

场内道路要求直而短，以保证全场各生产环节最方便地联系。

鸡场生产区道路按功能分为清洁道（净道）和污道。清洁道（净道）主要用于人员出入，运送饲料、产品和生产联系；污道用于运送粪污及病、死鸡。净道和污道不能混用，也不能交叉，以保证卫生防疫安全。管理区和隔离区应分别设置与场外相通的道路。

场区道路按功能可分为主干道和支干道。主干道路因与场外运输线路连接，路面最小宽度要保证两辆中型运输车辆的顺利错车，宽度3.5～7.0m，转弯半径不小于8m，道路上空净高4m内没有障碍物。支干道与鸡舍、饲料库、产品库、兽医建筑物、贮粪场等连接，宽度一般为1.5～5.0m。道路断面向一侧或两侧形成的坡度一般为1%～3%（图1.7）。道路两侧应有绿化和排水明沟所需的地面。

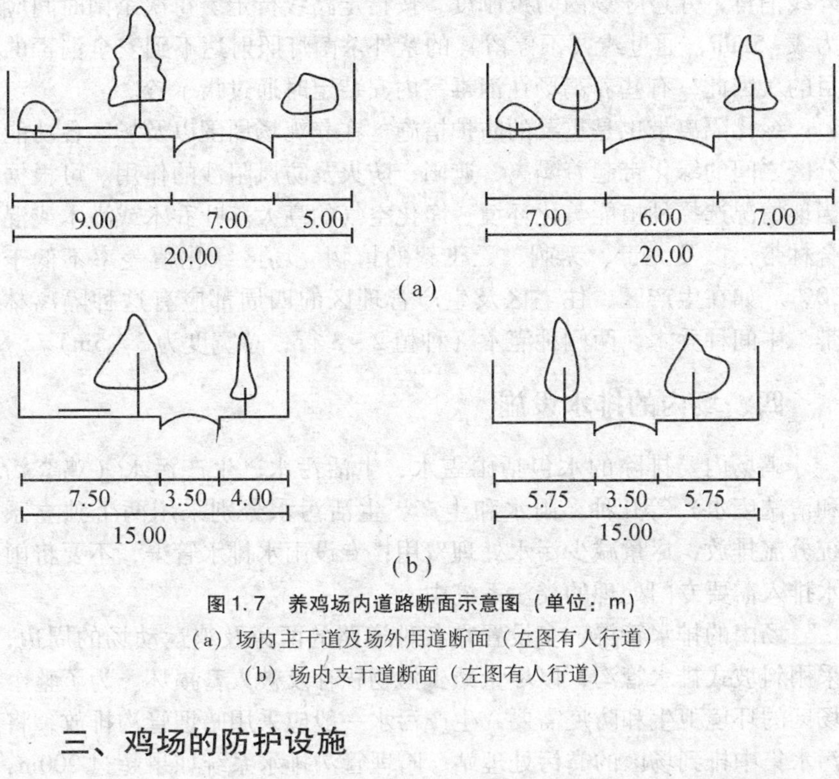

图1.7　养鸡场内道路断面示意图（单位：m）

（a）场内主干道及场外用道断面（左图有人行道）

（b）场内支干道断面（左图有人行道）

三、鸡场的防护设施

场区内部各功能分区之间，也可设较小的围墙，或结合绿化培植隔离林带。不同年龄的鸡，最好不集中在一个区域内，各舍之间留有足够的卫生防疫距离（100～200m）。

在鸡场大门及各区域、鸡舍的入口处，应有相应的消毒设施。如车辆消毒池、人的脚踏消毒槽和喷雾消毒室、更衣间等。车辆消毒池宽与大门相同，长等于进场大型机动车轮周长的1.3~1.5倍；对防疫要求较严格的最好增设喷雾消毒室；在鸡舍的入口处，应设人的脚踏消毒槽（垫），其深度一般为10cm；生产区应与生活管理区严格隔离，在生产区入口处设人员更衣消毒室，装设紫外线杀菌灯。

工作人员进入生产区净道和鸡舍要更换工作服和鞋，并经紫外线消毒。外来人员必须进入生产区时，也应更换场区工作服和鞋，经紫外线消毒，并遵守场内防疫制度，按指定路线行走。每次杀菌时间应为3~5min，通过式（不停留）的紫外杀菌灯照射达不到安全消毒的目的。因此，有些养鸡场在消毒室内安装定时通过指示铃。

绿化隔离带也是重要的防护措施，在养鸡场周围以及场区各功能分区之间的绿化带起着隔离、遮阳、防火及防风阻沙的作用。可根据当地情况选择种植能美化环境、净化空气的高大落叶乔木或灌木或混合林带，以及无毒、无刺、无飞絮的植物。场区绿化覆盖率不低于30%。如在生产区、住宅区及生产管理区的四周都应有这种隔离林带。中间种乔木、两侧种灌木（种植2~3行，总宽度为3~5m）。

四、场内的排水设施

鸡场内要排除的水包括雨雪水、生活污水、生产污水（鸡粪污和清洗废水）等几种。雨水和生产、生活污水分别采用两个独立系统分流排放，尽量减少污水处理费用；专设雨水排水管渠，不要将雨水排入需要专门处理的粪污系统中。

场内的排水管渠，多设置在各种道路的两旁及鸡运动场的周边，采用斜坡式排水管沟，以尽量减少污物积存及被人畜损坏。为了整个场区的环境卫生和防疫需要，生产污水一般应采用暗埋管沟排放，将污水集中排到场区的粪污处理站，暗埋管沟排水系统如果超过200m，中间应增设沉淀井，以免污物淤塞，影响排水。沉淀井不应设在运动场中或交通繁忙的干道附近，沉淀井距供水水源至少应有200m以上的间距，暗埋管沟应埋在冻土层以下，以免因受冻而阻塞；雨、雪水一般设置明沟排放，但由于雨、雪水中也有些场地中的零星粪污，有条件的也宜采用暗埋管沟，如采用方形明沟，其最深处不应超过30cm，沟底应有1%～2%的坡度，上口宽30～60cm，暗管道的最小直径为150mm。明沟可采用砖砌明沟和混凝土明沟两种形式（图1.8）。

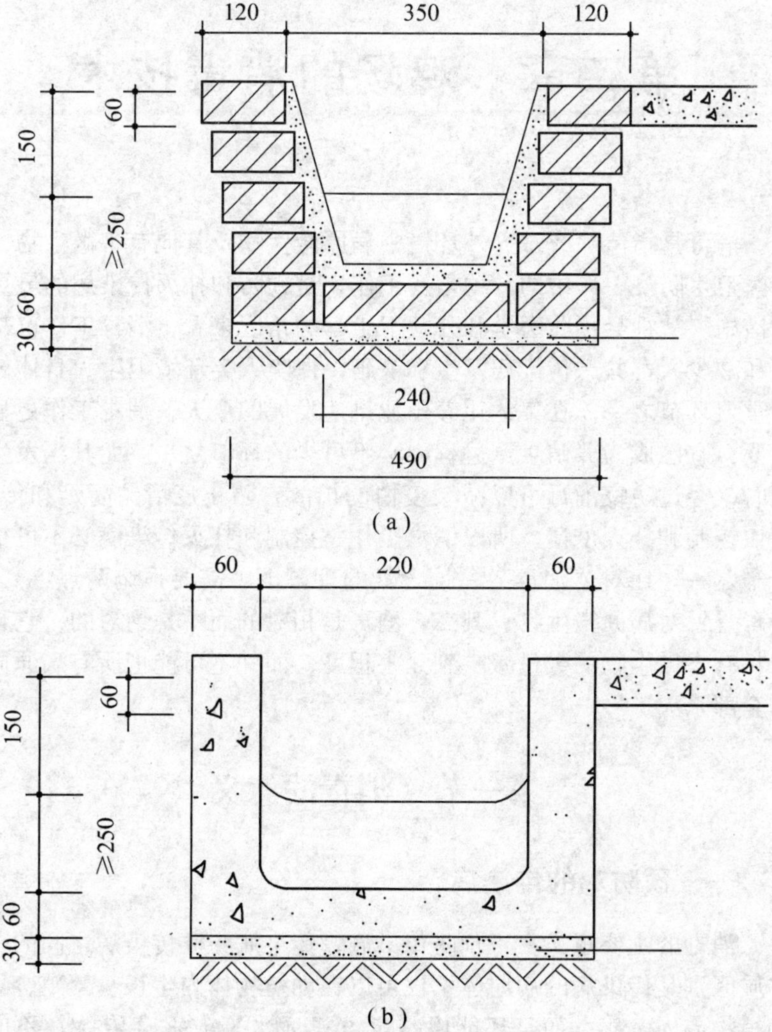

图1.8　排水明沟（单位：cm）

（a）砖砌明沟　（b）混凝土砌明沟

第二章　鸡场的消毒技术

消毒是指清除或杀灭外环境中病原微生物及其他有害微生物，是兽医卫生防疫工作中的一项重要工作，是预防和扑灭传染病的最重要的措施。从社会预防医学和公共卫生学的角度来看，消毒工作也是防止和减少人畜共患传染病发生和蔓延，保障人类环境卫生、身体健康的重要环节之一。在集约化养殖业迅速发展的今天，消毒工作更显得重要，它已成为养殖生产过程中必不可少的环节之一。尤其当发生疫情时，经过防疫消毒可以减缓疫情的扩散，防止疫情的蔓延和传播，尽快控制和扑灭疫情。所以消毒工作是控制和扑灭传染病必不可少的措施之一。在对“消毒”一词含义的理解上，需要强调两点：其一，消毒是针对病原微生物；其二，消毒是相对的而不是绝对的，它只要求将有害微生物的数量减少到无害程度，而并不可能把所有病原微生物全部杀灭。

第一节　消毒的意义

一、预防鸡的传染病

消毒的主要意义在于预防传染病，传染病与非传染病之间的一个本质区别是传染病的病原体不仅可以在动植物体内生长、繁殖，导致动植物或人发病，而且还能以一定方式（水平或垂直传播）不断地从被感染的机体（传染源）向未感染机体（易感动物）转移。在预防传染病的工作中，消毒的作用是切断病原体的传播途径。传播途径是指传染病的活的病原体在转换宿主的过程中，在外环境中停留、转移所经历的场所和途径。消毒可阻断病原体的传播途径，切断传染链条，使病原体失去传染能力，所以消毒是预防鸡传染病的发生和流行的重要措施。

二、预防其他疾病

目前已知的动物传染病有100多种，但这并不是由病原微生物所引起或与微生物有关的全部疾病，尚有一部分由病原微生物本身或其毒素引起的疾病，并不在传染病的范畴内。这些疾病，虽然没有明确的传染源，但这些致病因子均来自外环境的污染，来自动物体表或浅表体腔，以及皮肤、黏膜的感染。为了预防这类疾病，采取经常性的预防消毒措施，对鸡体表、体腔、黏膜采取消毒及防护措施是非常必要的。当这些疾病发生时，对鸡排出的病原体更应进行及时彻底的消毒。

三、防止鸡群体及个体的交叉感染

消毒是防止鸡个体和群体间交叉感染的主要手段。在鸡饲养过程中，防止交叉感染的发生是保证养鸡业健康发展的重要措施。一般来说，病原微生物感染具有种的特异性。因此，同种间的交叉感染是传染病发生、流行的主要途径。如新城疫只能在禽类中流行，一般不会引起其他动物或人致病。但也有些传染病可以在不同种群间流行，如结核病、禽流感不仅可引起鸟类、畜类共患，甚至可以感染人。通过消毒控制种内和种间的交叉感染是预防传染病发生和流行的重要手段。

四、消除非常时期和非常状态下传染病的发生和流行

在发生重大疫情时，消毒可以有效地控制疫病的流行，保护受威胁的养殖场和减少疫区养殖场的损失，是禽养殖业应对重大传染病的重要措施。经常和严格的消毒，还可以预防和控制新的烈性传染病的发生和流行。

第二节　常用的消毒药物

消毒的药物称为消毒剂，按消毒剂的作用效果可分为高效消毒剂、中效消毒剂和低效消毒剂。高效消毒剂可杀灭一切微生物，包括细菌的繁殖体、细菌芽孢、真菌、结核杆菌、亲水病毒、亲脂病毒。这类消毒剂可以用作灭菌剂，如甲醛、戊二醛、过氧乙酸、环氧乙烷、有机汞化合物等。中效消毒剂除不能杀灭细菌的芽孢之外，可杀灭其他各种微生物，如乙醇、含氯消毒剂、含碘消毒剂等。低效消毒剂可以杀灭细菌繁殖体、真菌和亲脂病毒，不能杀灭结核杆菌、细菌芽孢和亲水病毒、抗力较强的真菌和病毒，如季铵盐类、双胍类、雷佛奴尔（利凡诺）等。按消毒剂化学结构分类，目前使用的消毒剂有数十种，按其化学结构可以分为十几类。

一、醛类消毒剂

常用有甲醛和戊二醛两种。甲醛的优点是消毒效果良好、价格便宜、使用方便；缺点是有刺激性气味，作用慢，近年来的研究发现，甲醛对人有致癌作用。戊二醛是第三代化学消毒剂的代表，被称为冷消毒剂，用作怕热物品的消毒。效果可靠，对物品的腐蚀性小，缺点是作用较慢。

1. 甲醛　消毒用甲醛常指含甲醛 37% ~ 40% 的甲醛水溶液，俗称福尔马林。其中含有 8% ~ 12% 的甲醇，防止聚合，无色，澄明液体，有强烈刺激性臭味。本品为广谱强度消毒剂，对细菌、芽孢、病毒和真菌均有杀灭作用。本品有极强的还原性，遇氧化剂时可产生大量热量，将未参加反应的甲醛蒸发，故常与高锰酸钾配合用于熏蒸消毒。主要用于鸡舍、孵化器、种蛋、雏鸡、仓库及器械的消毒。本品具有硬化组织的作用，可用于固定标本、保存尸体，也可用作灭活病毒和细菌，生产灭活油乳苗。

（1）影响甲醛消毒效果的因素：①温度的影响。温度对甲醛消毒作用有明显的影响，随温度升高，杀菌作用增强，温度低时空气中的甲醛容易聚合而失去作用，故用甲醛气体消毒，要求温度在 18℃以上，最好能在 50～60℃条件下消毒。②有机物的影响。甲醛气体的穿透力很差，即使有很薄一层有机物的保护也会显著影响消毒速度。③相对湿度的影响。甲醛气体的杀菌速度随相对湿度的增加而增加，一般认为，相对湿度宜在 70% 左右，但若相对湿度太高，则杀菌作用反而降低。④浓度的影响。当相对湿度和温度保持不变时，甲醛气体的杀菌速度与浓度之间基本上是正比关系。浓度越高，杀菌速度越快。

（2）甲醛在消毒上的应用。

1）甲醛液体浸泡消毒：

A. 甲醛水溶液浸泡消毒：对一般细菌繁殖体污染的物品可用 3%～5% 甲醛，浸泡 30min，亦可杀灭病毒。10% 福尔马林可固定标本和尸体，福尔马林：菌液为 1∶100 时，可灭活细菌和病毒，可制作灭活疫苗。对芽孢污染的物品，需用 20% 的甲醛，在室温下作用 6h 以上。

B. 8% 甲醛－乙醇溶液浸泡消毒：用 70% 乙醇配制，可用于医疗器械的浸泡消毒，约 5min 结核分枝杆菌和亲水病菌死亡，作用 18h 可杀灭一切致病性微生物，包括细菌芽孢、真菌孢子和肝炎病毒。

2）甲醛气体熏蒸消毒：甲醛气体具有广谱、高效杀菌作用，且用法简单、方便，对消毒物品无损害，对人相对安全，从而弥补了其他消毒剂的不足。甲醛气体熏蒸消毒必须在密闭的甲醛气体消毒间（消毒箱）内进行，处理被污染的怕热、怕湿、易腐蚀的物品。利用氧化剂高锰酸钾、氯制剂等与福尔马林或多聚甲醛发生化学反应，在反应过程中产生大量的热，促使甲醛汽化。高锰酸钾用量相当于福尔马林的 40%～50%，漂白粉用量相当于福尔马林的 60%～80%。为了防止着火，每次氧化剂用量不宜过多。使用时应加入相当于福尔马林 50% 的水。根据不同的消毒要求，用药浓度分为 3 级：一级浓度是指每立方米空间，用甲醛溶液（福尔马林）14mL，高锰酸钾 7g；上述两药品的用量均增加 1 倍，消毒空间仍为 $1m^3$，即为二级浓度；每立方米消毒空间用福尔马林 42mL，高锰酸钾 21g 则为三级浓度。

配药时要注意先将高锰酸钾倒入容器中，再加福尔马林。容器不能用金属制品，同时容器需深且大，其容积应比药液用量大 10 倍以上。消毒时密闭门窗，24h 后打开门窗。用甲醛熏蒸消毒后，为消除甲醛的刺激性气味，可用浓氨水（2 ~5mL/m^3）热蒸发，使其变成无刺激性的六甲烯胺。熏蒸消毒必须有较高的室温和相对湿度，一般室温不低于 15℃，相对湿度为 60% ~80%。由于只有一部分甲醛与氧化剂发生反应，用高锰酸钾作氧化剂时，能释放 60% 甲醛，用漂白粉只能释放 25% 甲醛。所以造成反应不彻底，在一定程度上降低了消毒效果，消毒时应稍微加大用量。

甲醛本身对物品无明显损害，但甲醛溶液中存在的微量甲酸，可使金属生锈，对橡胶和塑料也有轻微损害，应引起注意。

2. 戊二醛 本品为淡黄色的澄清液体，有刺激性臭味。本品能与水或乙醇任意混合，常制成溶液。

（1）作用与用途：本品具有广谱、高效和速效的杀菌作用，对细菌繁殖体、细菌芽孢、病毒、结核分枝杆菌和真菌均有较好的杀灭作用，对金属腐蚀性小。本品用于鸡舍、橡胶、温度计和塑料等不能加热的器械或制品消毒；也可用于疫苗制备时的鸡胚消毒。

（2）注意事项：本品在碱性溶液中杀菌作用强（pH 值为 5 ~8.5 时，杀菌作用最强），但稳定性差，2 周后即消失；与新洁尔灭或双长链季铵盐阳离子表面活性剂等消毒剂有协同作用，对金黄色葡萄球菌有良好的协同杀灭作用；避免接触皮肤和黏膜。

（3）用法与用量：以戊二醛计，2% 溶液浸泡消毒橡胶、塑料制品及手术器械。20% 溶液喷洒消毒环境或擦洗或浸泡器具。鸡新城疫和法氏囊病 1∶400 倍稀释，细菌性疾病 1∶(500 ~1 000）倍稀释用于场地和污染物、排泄物的消毒。

二、酚类消毒剂

酚类消毒剂是一种古老的中效消毒剂，只能杀灭细菌繁殖体和病毒，而不能杀灭细菌芽孢，对真菌的作用也不大。用作消毒剂的酚类化合物有苯酚、甲酚、氯甲酚、氯二甲苯酚、六氯双酚、来苏儿等。

1. 苯酚　苯酚又称酚、石炭酸，为无色或淡红色针状结晶。苯酚性质稳定，可长期保存，可溶于乙醇或水。苯酚可杀灭细菌繁殖体与某些种类的病毒，在较高温度下，可能对某些芽孢和真菌有一定杀灭作用。它对细菌繁殖体如大肠杆菌、金黄色葡萄球菌的最低抑菌浓度为0.2%。2%苯酚在25℃下作用10min可灭活甲型流感病毒，1%苯酚在37℃下作用24h灭活狂犬病病毒。

（1）影响苯酚消毒效果的因素：苯酚杀菌效果与其浓度、作用时间成正比。浓度越高，时间越长，其杀菌效果越好。有机物对杀菌效果有一定影响，能减弱其杀菌力，但对较高相对分子质量的酚类影响较小。温度升高可加速其杀菌作用。当温度由20℃升至40℃时，其消毒作用时间可缩短1/2。常温下，5%苯酚并无杀灭芽孢作用。

（2）苯酚在消毒上的应用：苯酚可用于污染物体表面的消毒，多用于运输车船、墙壁、运动场地及鸡舍消毒，因有特殊臭味不宜用于肉品、蛋品的运输车船和贮藏仓库消毒。在疫源地消毒中可用3%～5%的苯酚水溶液浸泡、喷洒或擦拭污染物品表面，作用时间30～60min。

苯酚溶液对皮肤、黏膜有刺激性，可引起刺麻感，使皮肤发白或产生红斑，甚至引起皮炎。忌与碘、溴、高锰酸钾、过氧化氢等配伍应用。

2. 煤酚皂溶液　煤酚皂溶液又称来苏儿。其主要成分为甲酚，占20%以上，可溶于水及醇溶液，为浅棕色、透明、碱性、耐贮存的溶液。它是一种高效、广谱、低毒的煤酚类消毒剂。煤酚皂溶液的杀菌作用与苯酚相似，常用浓度可破坏肉毒素，能杀灭包括绿脓杆菌在内的细菌繁殖体，对结核杆菌和真菌有较强杀灭能力。

（1）影响煤酚皂溶液消毒效果的因素：浓度越高，时间越长，杀菌效果越好。有机物可降低其杀菌作用。温度升高可加速其杀菌作用。

（2）煤酚皂溶液在消毒上的应用：一般使用1%～5%煤酚皂溶液浸泡、喷洒或擦拭污染物体表面，并作用30～60min可达到消毒要求。0.3%～0.6%溶液在15min可杀灭结核杆菌，1%～2%溶液常用作鸡舍人员手的消毒，3% ~5% 溶液可用作鸡舍墙壁、地面和鸡舍内用具的洗刷消毒，以及用料和运鸡车排泄物的喷雾消毒，也可作为消毒池内的消毒液。因其有粪臭味，不可用作鸡蛋、鸡体表及蛋与鸡肉产品库房的消毒。经来苏儿消毒的物体，需再用清水清洗1次。

因煤酚皂的毒性较大，气味易滞留，勿用于食品和食具的消毒。对皮肤有一定刺激和腐蚀作用，可引起刺麻感，高浓度可使皮肤发白或产生红斑，甚至引起皮炎，不宜用于黏膜消毒处理。本品污染水源及其他环境引起公害，近年来已逐渐被其他消毒剂所取代。

3. 农福 又称农富、菌毒敌、敌菌净、畜禽灵、农乐、农牧宝等，为深褐色液体，含酚41% ~49%、醋酸22% ~26%，有醋酸油和醋酸特有的酸臭味，是一种复合酚类消毒剂。

农福是一种广谱、高效、经济、安全的消毒剂，可杀灭各种细菌、病毒、真菌及一些寄生虫虫卵，对蚊蝇等的滋生也有抑制作用。主要用于环境、鸡舍、运动场、地面、笼具、车辆或病鸡排泄物的消毒，用药1次，药效可维持多天。常用0.5% ~1% 溶液消毒鸡舍环境、地面、笼具及浸泡器具和车辆的清洗。以单独使用为宜，若与碱性药物或其他消毒剂混合使用则可降低消毒效果。

三、醇类消毒剂

这类消毒剂可以杀灭细菌繁殖体，但不能杀灭芽孢，属于中效消毒剂。主要用于皮肤的消毒。目前用的醇类消毒剂有乙醇、异丙醇、甲醇、氯丁醇、苯甲醇等。近年来研究发现，醇类消毒剂与戊二醛、碘伏等配伍，可以增强其作用。

1. 乙醇 又称酒精，为无色透明液体，有较强的酒味，在室温下易挥发，不留下任何残余物。乙醇是一种应用广泛、效果可靠的中效消毒剂，对其他消毒剂如戊二醛、碘、氯已定等有增效和协同杀菌作用。乙醇还具有较强的脱水作用，能将细胞表面和内部的水分脱掉，具有防腐固定作用。70% ~95% 乙醇均有杀菌作用，但70% ~75% 乙醇杀菌力最强。50% ~70% 乙醇作用1min，能杀灭化脓性链球菌、肺炎双球菌和伤寒杆菌。50% ~100% 乙醇5min 内可杀灭大肠杆菌、绿脓杆菌和金黄色葡萄球菌；若用25%乙醇，即使用30min，也不能杀灭这些细菌，表明乙醇含水分的多少明显影响它的杀菌效果。70%～96%乙醇都具有杀灭真菌与真菌孢子的能力，以70%～75%乙醇浓度最理想。乙醇是结核杆菌最为迅速的杀菌剂，细菌芽孢对乙醇有较强的抵抗力。一般来说，乙醇对亲脂病毒有较强的杀灭作用，而对亲水病毒作用较弱。

（1）影响乙醇消毒效果的因素：①乙醇消毒剂需要含一定量的水分，杀菌作用才能达到较高水平，高浓度的乙醇消毒剂，可迅速凝固生物活性物质中的蛋白质和其他的有机物，形成固化层，该作用可保护微生物，影响乙醇溶液与之有效接触，影响消毒效果。②乙醇可使蛋白质凝固变性，并形成保护层，影响乙醇继续发挥杀菌作用。因此，不宜用于被血液、脓汁和粪便污染的物体表面消毒。③乙醇杀菌作用随温度的升高而增强。

（2）乙醇在消毒上的应用：①皮肤消毒。临床上常采用70%～75%乙醇棉球涂擦皮肤进行消毒。乙醇不仅可杀灭皮肤上的细菌，而且能去除皮肤上的油脂，同时还能机械地去除部分细菌。70%～75%乙醇常用于注射、穿刺、手术部位皮肤的消毒。一般先用碘酊消毒，再用70%～75%乙醇脱碘。②物体表面消毒。工作台面和手术、实验室台面等的消毒，均可采用70%～75%乙醇浸泡、擦拭消毒，作用时间应在3min以上。③作为增效、助溶剂与其他消毒剂复配。乙醇与其他消毒剂复配，可增强它的杀菌效果。除早已熟知的乙醇与碘配制的碘酊外，还有70%乙醇与醋酸氯己定复配的氯己定醇溶液，70%乙醇与10%苯扎溴铵复配的新洁尔灭医用乙醇。

（3）乙醇使用时的注意事项：①乙醇消毒剂不可作为灭菌剂使用。②浸泡消毒时，勿让被消毒物品带有过多水分，以免使消毒剂浓度降低而影响效果。③物品消毒前，应尽量消除掉表面黏附的有机物。④消毒浓度的乙醇对人体无毒，对黏膜有刺激性，故一般不用于黏膜消毒。⑤用95%以上浓度的乙醇燃烧可消毒金属器械，称为火焰消毒法。

2. 异丙醇　具有轻度至中等度的对皮肤、黏膜刺激作用，有轻度的蓄积作用，无致癌、致畸作用。对一般消毒物品无损伤，但可使醇溶性涂料溶解。

四、季铵盐类消毒剂

单链季铵盐消毒剂是低效消毒剂，对细菌繁殖体有广谱杀灭作用，但不能杀灭芽孢和亲水病毒，其优点是毒性小，稳定性好，一般用于皮肤、黏膜的消毒和环境消毒。

1. 新洁尔灭 主要成分为苯扎溴铵，无色或淡黄色胶状液体，芳香，味极苦。易溶于水，水溶液成碱性，振摇时可产生大量泡沫。对多数革兰氏阳性菌和阴性菌，尤其对化脓性致病菌、肠道菌有较强的杀灭作用，对病毒作用较差，对结核杆菌、霉菌和芽孢只有抑制作用。

本品具有去污和杀菌两种作用，是一种最常用的消毒剂，主要用于种蛋、饲养用具、饲养人员手臂和鸡只、皮肤和黏膜的消毒。

新洁尔灭在消毒上的应用：①对皮肤的消毒用1∶(200～1 000)新洁尔灭水溶液做注射部位的皮肤消毒和饲养人员手臂及小件器械的浸泡消毒。因本品毒性低，刺激性小，可用于黏膜消毒。②对感染伤口的消毒。对外伤性感染及手术感染的伤口，采用1∶(500～1 000)的新洁尔灭作为伤口清洁剂。③1∶1 000水溶液可用于种蛋的喷雾和浸洗消毒。④1∶200倍稀释可用于鸡舍喷雾消毒。

2. 百毒杀 百毒杀是一种双季铵盐类消毒剂，原液含有效成分50%，化学名称为双癸基二甲基溴化铵。性质稳定，能与水互溶，对人畜禽无毒。无刺激，无腐蚀，是一速效高效强效消毒药。

（1）百毒杀对微生物的杀灭作用：百毒杀在高温下低浓度就能有效杀灭细菌繁殖体、病毒、寄生虫卵、真菌、乙型肝炎病毒等微生物，并对细菌芽孢有一定杀灭作用。

（2）影响百毒杀消毒效果的因素：在受到有机物污染的环境下，该消毒剂具有一定的杀菌效果，但要达到消毒目的，需提高使用浓度。受酸碱度的影响不大，在pH值7时杀菌效果最好。pH值的升高或降低，对杀菌效果稍有影响。百毒杀的杀菌作用随着温度的升高而增强，并且不受高温、低温的影响。水质硬度对杀菌效力影响极小，与肥皂和洗衣粉有拮抗作用。

（3）百毒杀在消毒上的应用：①皮肤、黏膜的消毒，用于一般工作人员手的消毒，可用250mg/L浓度，浸泡2～5min。②养殖场消毒，在250mg/L以上浓度，作用5min以上均可99.99%～100%地杀灭鸡白痢沙门杆菌和猪丹毒杆菌等。由于本消毒剂对人和畜禽无毒、无刺激性和无副作用，因此，既可用于鸡群的饮水消毒、带鸡消毒等预防性消毒，也可用于疫情发生时的紧急消毒，紧急消毒时的药物用量加倍即可。

3. 灭毒霸 灭毒霸为一种双季铵类消毒剂，具腐蚀性和刺激性，不受有机物和硬水的影响，具有广谱、高效杀菌作用，可杀灭各种细菌、病毒、真菌和藻类等病原微生物，主要用于鸡舍、饲饮器具、笼具、种蛋和饮水的消毒。用清水按比例稀释后，可用于喷雾、喷洒、浸泡、洗涤和饮水消毒。定期的预防性消毒，可按1:（1 000～2 000）倍稀释使用。发生疫情时的紧急消毒，可按1:（800～1 500）稀释使用。对环境、鸡舍、器具、笼具、种蛋消毒时，可按1:（1 000～2 000）倍稀释后使用。饮水、消毒时，可按1:（1 000～2 000）倍稀释后使用。

五、过氧化物类消毒剂

过氧乙酸在我国是一种应用广泛的消毒剂，杀菌作用强而迅速，价格低廉。但有两个缺点：不稳定、易分解；对消毒物品有腐蚀作用。过氧化氢是一种古老的过氧化物消毒剂，优点是腐蚀性小，对皮肤、黏膜刺激性小等。它可以杀灭各种细菌、病毒和真菌，高浓度时也可杀灭细菌芽孢。臭氧是近年来备受重视的消毒剂，可用于饮水消毒，污水处理，物体表面和空气消毒。过氧化物分解后可产生臭氧，臭氧不仅有强大的氧化杀菌作用，而且可以除去水中异味，且消毒后不留毒性物质，但对表面消毒作用缓慢。过氧戊二酸是一种新的过氧化物消毒剂，有固体和液体两种剂型，固体稳定性好，可用于物体表面和空气消毒。二氧化氯液是一种比较新的消毒剂，主要靠其氧化作用杀菌，用于饮水消毒。

1. 过氧乙酸（过醋酸） 为无色透明、弱酸性液体，易挥发、分解，有很强的刺激性醋酸味，易溶于水和有机溶剂。腐蚀性强，有漂白作用。过氧乙酸在较低浓度和较短时间内能有效杀灭细菌繁殖体，对细菌芽孢也有高效杀灭作用，也能杀灭真菌，具有很强的杀病毒能力。

（1）影响过氧乙酸消毒效果的因素：过氧乙酸的杀灭作用随浓度的增加与时间的延长而加强。温度对过氧乙酸的杀菌作用有直接的影响，温度高，杀菌力强；温度低，杀菌力弱。但与其他一般消毒剂不同，过氧乙酸不仅在常温下能消毒，就是在低温下也具有良好的杀菌作用，即使温度低至 -20 ~ -40℃仍有显著的杀菌作用，不过消毒时间需要延长十至数百倍。有机物能降低过氧乙酸的杀菌效果，其影响大小与菌种、有机物的种类及浓度有关。湿度对过氧乙酸的杀菌作用有一定影响，如果相对湿度不低于40%，过氧乙酸的杀菌效果仍是很显著的。醇能增强过氧乙酸的杀菌作用，过氧乙酸溶液中加入20% ~70%醇类可增强其杀菌效果1~4倍。

消毒用的过氧乙酸浓度很低，使用安全，消毒后物品上残留较少，对人无毒性。过氧乙酸对某些物品有腐蚀性，腐蚀性强弱与其浓度高低有关，浓度越高，腐蚀性越强。对铁、铜、铝这几种常见金属有较强的腐蚀性。

（2）过氧乙酸在消毒上的应用。

1）浸泡法。这是一种简单而有效的消毒法。浸泡时，物品能与过氧乙酸溶液充分接触，可收到较好的消毒效果。凡能耐腐蚀、可浸泡的小物品均可采用此法消毒，例如，衣服、毛巾、用具、体温计、玻璃器皿等的消毒。浸泡用的过氧乙酸消毒液一般为400 ~2 000mg/L，浸泡时间一般为2 ~120min，消毒液宜现用现配，连续使用时应经常测定浓度，并及时更换。

2）擦拭法。对大件的或其他不能浸泡消毒的物品可采用擦拭法消毒。常用消毒液浓度为0.1% ~0.5%。用0.1%过氧乙酸擦拭后5min，其桌面、瓷砖面和橡胶面上芽孢的杀灭率可达到99.99%。

3）喷雾法。喷雾后，雾状微滴能均匀地覆盖于被消毒物品表面，雾滴越小，效果越好。特别是对垂直表面，雾滴太大易于流失，雾滴较小则可较长时间与物面保持接触。凡不能浸泡或浸泡不彻底时，均可用喷雾法，如鸡舍的墙壁、门窗、地面等的消毒。所用浓度随喷雾器不同而异，喷出的雾滴越细，喷出量越少，所用的溶液浓度应大些。通常使用0.4%～0.5%或更浓的过氧乙酸溶液，要求消毒环境的相对湿度最好在60%～80%，药物用量0.75～1g/m^3。喷雾要均匀，喷后最好密闭1～2h，使其杀菌作用能得到充分发挥。喷雾器皿最好不用金属制成，以免被腐蚀，可采用塑料或尼龙制品。

4）熏蒸法。每立方米用量1～3g，配成3%～5%溶液，用搪瓷盒，放在热源上加热熏蒸，熏蒸时关闭门窗和排风扇，效果更好。

（3）使用时应注意的事项：一是高浓度过氧乙酸具有强腐蚀性和刺激性。若不慎接触到手或衣服上，应立即用水冲洗可避免损伤。消毒用的稀过氧乙酸一般无危险性，不需要用特殊的防护措施。二是过氧乙酸是强氧化剂，能腐蚀金属制品，应盛于有盖的塑料桶或瓶内，贮藏于阴凉避光之处，装量也不要超过4/5。三是浓的过氧乙酸分解速度比稀的过氧乙酸缓慢，因此浓的过氧乙酸便于保存。四是用过氧乙酸喷雾或熏蒸鸡舍时，门窗需关闭，以保持气体在室内长时间存留。五是过氧乙酸溶液切勿与其他药品或有机物质随意混合，以免剧烈分解而引发爆炸等危险。六是金属物器材与天然纤维纺织品浸泡消毒后，应尽快用清水冲洗干净。七是二元剂型应于使用前1～2d配制。未经预先混合，不得将两种原料直接倒入水中用于消毒。八是配制消毒液时应按过氧乙酸实际有效含量计算。

2. 过氧化氢（双氧水）　过氧化氢是一种氧化剂，弱酸性，纯过氧化氢是一无色无味的透明液体，很稳定。过氧化氢是一种灭菌剂，可杀灭包括细菌繁殖体、芽孢、真菌和病毒在内的所有微生物。对细菌繁殖体，0.025%溶液可抑制其生长，0.1%浓度即具有杀灭作用；0.02～0.031g/m^3过氧化氢溶液可灭活甲型流感病毒。

（1）影响过氧化氢消毒效果的因素：过氧化氢液体的杀菌作用随温度升高而加强，空气中的相对湿度太低或太高对过氧化氢的杀菌作用均有不利影响。有机物的保护对过氧化氢的杀菌作用有一定影响，故杀灭被血液、脓液、粪便等污染的微生物时，作用时间需延长。

(2) 过氧化氢在消毒中的应用：常用3%溶液，对化脓创口、深部组织创伤及坏死灶等部位消毒。30mg/L 的过氧化氢对空气中自然菌作用20min，自然菌减少90%。用于空气消毒一般以60mg/L 喷雾。

六、烷基化气体消毒剂

在这类化合物中，用于消毒的主要有环氧乙烷、环氧丙烷和乙型丙内酯。环氧乙烷是一种气体灭菌剂，主要用于一次性医疗卫生用品消毒灭菌。杀菌作用强大，灭菌效果可靠。由于易燃、易爆，近年来发现有致癌作用而影响其广泛应用。乙型丙内酯的杀菌作用比环氧乙烷更强，但由于在最初研究时发现，它对大白鼠有致癌作用，故而未能作为一种常规消毒灭菌剂使用。环氧丙烷也是一种气体消毒剂，消毒作用不及环氧乙烷。

环氧乙烷 环氧乙烷液体和气体均有较强的杀灭微生物作用，相比之下，气体的杀灭微生物作用更强。环氧乙烷对细菌繁殖体、芽孢和真菌都有强大的杀灭作用，对多种病毒具有灭活作用。环氧乙烷对甲型流感病毒、乙型流感病毒、新城疫病毒等具有灭活作用。

影响环氧乙烷消毒效果的因素有消毒剂的浓度、消毒环境的温度和相对湿度、消毒处理的时间、消毒物品的质量和厚度、微生物的菌龄和含水量等。

环氧乙烷对大多数消毒物品无损害，包括皮革、木质物品、金属物品等。对人及动物的毒性高于四氯化碳和氯仿，低于二氧化硫和氯化氢，与氨气相似。

七、碘和其他含碘消毒剂

1. 碘伏 碘伏（聚乙烯吡烷酮碘）目前常用的剂型有液体（有效碘含量为0.5%～1%）、固体（有效碘含量为10%～20%）、乳剂（有效碘含量为0.5%～2%）和膏剂（有效碘含量为0.85%～

1.15%）。碘伏的颜色为红棕色，随其有效碘含量的下降逐渐向黄色转变。碘伏是广谱、中效消毒剂，它能杀灭大肠杆菌、金黄色葡萄球菌、鼠伤寒沙门杆菌等百余种细菌繁殖体、结核分枝杆菌、芽孢、真菌孢子和多种病毒。碘伏对细菌繁殖体的杀灭作用较强，且作用速度快，但对芽孢和真菌孢子的杀灭作用较弱，需要较长时间和较高温度。

影响碘伏消毒效果的因素：碘伏在低温下也同样具有良好的杀菌作用。在10～30℃，杀菌效果无明显变化，30～40℃时，随着游离碘浓度上升，杀菌作用明显增加；但当超过40℃时，由于碘蒸气的产生，使游离碘浓度下降，杀菌作用也减弱。当碘伏溶液呈酸性时，杀菌作用较强；当碘伏溶液呈碱性时，杀菌作用减弱。

2. 碘酊

（1）2%碘酊：碘化钾1.5g溶于1.5mL蒸馏水中，再加碘2g，待碘完全溶解后，加75%乙醇至100mL即成。饮水消毒时，每升水中加2%碘酊5～6滴，15min后，即可杀灭水中的病原微生物，供鸡饮用。

（2）5%碘酊：碘化钾3g溶于3mL蒸馏水，再加碘5g，待碘完全溶解后，加75%乙醇至100mL即成。为棕红色澄清液体，置玻璃瓶中密封保存。主要用于外科手术部位、外伤及注射部位的消毒，用碘酊棉球涂抹局部。本品虽对外伤引起一时疼痛反应，但杀菌能力强，用后不易发炎，并对组织毒性小，穿透力强，是养鸡场必备的皮肤消毒药。

3. 威力碘　本品含碘0.5%，是消毒防腐剂。1%～2%用于鸡舍、鸡体表及环境消毒。5%用于手术器械、手术部位的消毒。对病毒和细菌均有杀灭作用。特别对鸡痘病毒有较强的杀灭作用，常用于鸡痘的喷雾及带鸡消毒。

八、含氯消毒剂

这类消毒剂溶于水后可产生有杀菌活性的次氯酸。常用的无机含氯消毒剂有漂白粉、漂白粉精、三合二等，其有效成分均为次氯酸钙，杀菌特点和使用方法基本一致。有机含氯消毒剂有二氯异氰尿酸钠、氯胺T、二氯异氰尿酸、卤代氯胺、清水龙。

1. 无机含氯消毒剂 漂白粉又称含氯石灰、氯化石灰，主要成分为次氯酸钙，还含氢氧化钙、氧化钙与氯化钙等；漂白粉精又称次氯酸钙，含杂质少，漂白粉精含有效氯80%～85%，为白色粉末，有氯臭，易溶于水，有少量沉渣；三合二化学名称为三次氯酸钙合二氢氧化钙，其主要成分是次氯酸钙（56%～60%）、氢氧化钠（20%～24%）。

上述含氯消毒剂杀菌广谱，对细菌繁殖体、芽孢、病毒及真菌都有杀灭作用，并可破坏肉毒杆菌毒素。

（1）影响无机含氯消毒剂消毒效果的因素：消毒剂浓度越高，杀菌效果越好，但实验证明，本类消毒剂浓度增高，其pH值也随之上升，有时反需延长作用时间才能达到杀菌目的。pH值、温度、有机物等因素可影响本类消毒剂的消毒效果。

本类消毒剂可释放出氯气，引起流泪、咳嗽，并可刺激皮肤和黏膜。环境空气中氯气的最高允许浓度为1.5mg/m^3。本类消毒剂对金属与天然纤维纺织品等有腐蚀作用，对有色物质有漂白作用。

（2）无机含氯消毒剂在生产上的应用。

1）溶液的用法：可使用消毒剂的水溶液进行喷洒、浸泡或擦拭消毒。10%～20%漂白粉溶液，用于鸡舍、运输鸡的车船、环境、粪便、土壤、污水等的消毒。1%～3%澄清液可用于料槽、饮水器和其他非金属制品的消毒。5%～20%乳剂可用于鸡舍墙壁、地面和运动场的消毒。饮水消毒时每立方米水中加6～10g，搅拌30min即可饮用。鸡粪消毒时可将漂白粉撒布在鸡粪便上，按1∶5比例均匀混合，进行消毒。

2）干粉的用法：地面消毒可直接喷洒漂白粉、漂白粉精或三合二干粉。常温下，漂白粉20～40g/m^2，作用2～4h即可。含水较多的粪便可直接用干粉进行消毒，用量一般为粪便的1/5。处理时搅拌均匀，作用2～4h。

2. 有机类含氯消毒剂

（1）二氯异氰尿酸钠：为白色结晶粉，有浓厚的氯气味，含有效氯 60% ~64.5%。杀菌谱广，能有效杀死一切微生物，包括细菌、结核杆菌、真菌、芽孢和病毒，杀菌效果优良，水解常数较其他氯胺类消毒剂高。

（2）氯胺 T：氯胺 T 是由次氯酸与胺、酰胺、亚胺或酰亚胺反应生成的。是一种具有广谱杀菌能力的消毒剂，对细菌繁殖体、病毒、真菌及细菌芽孢均有杀灭作用。因其水解常数较低，故杀菌作用较次氯酸盐消毒剂慢。4mg/L 浓度可用于饮水消毒，0.5% ~1% 浓度可用于各种器皿的消毒，1% ~2% 浓度可用于一般创口的处理，0.1% ~0.5% 浓度可用于鼻腔、口腔等黏膜的冲洗消毒。

（3）抗毒威：是一种含氯的广谱消毒剂，为白色粉末，易溶于水，溶液呈中性，可有效地杀灭各种细菌和病毒，常用作鸡场地面、器具、种蛋和饮水的消毒。1∶400 稀释液常用作鸡舍、运动场、路面、鸡舍内器具和笼具的喷洒消毒或器具的浸泡消毒。若用于浸泡种蛋，则只需 10min。1∶5 000 稀释液可用于鸡的饮水消毒，若鸡场有疫情发生时则药物用量加倍。

（4）水易净消毒气腾片：为片型制剂，其有效成分为二氯异氰尿酸盐，是一种广谱、高效消毒剂，可杀灭各种细菌、病毒、分枝杆菌和真菌等病原微生物。可用于环境、鸡舍的饲养设备、饮水系统、运输工具、孵化室、育雏室、人员等的消毒。市售商品有两种片型剂、水易净 200 和水易净 1000。水易净 1000 的用法和用量如下：①饮水消毒：1 粒药片溶于 1 000 ~2 000L 水中，30min 后饮用。②空舍时对鸡舍环境及器具消毒：1 粒药片溶于 15 ~30L 水后，喷雾消毒。③带鸡消毒：1 粒药片溶于 30L 水，喷雾。④消毒池内的消毒液：1 粒药片溶于 15L 水内，每 3 天更换一次。水易净 200 的药物含量为水易净 1 000 的 1/5。所以用水量为水易净 1000 的 1/5。

九、胍类消毒剂

胍类消毒剂是一种低效消毒剂，不能杀灭细菌芽孢，但对细菌繁殖体杀灭作用强大，一般用于皮肤、黏膜的防腐，也可用于环境表面的消毒。常用的双胍类消毒剂有氯己定及皮可洗定。氯己定是一种常用的皮肤、黏膜消毒剂，因具有杀菌范围广、合成简单、毒性小、成本低、性能稳定、加热不易分解、使用方便等特点，现已得到广泛应用。

氯己定 化学名称1,6双（正－对氯苯双胍）己烷，又名洗必泰。氯己定能杀灭革兰氏阳性与阴性的细菌繁殖体，但对结核杆菌、细菌芽孢及某些真菌仅有抑菌作用。氯己定水溶液与醇溶液都有较好的杀菌作用，抑菌浓度可达10^{-5}～10^{-6}。

（1）影响氯己定消毒效果的因素：碱性条件下可增强杀菌效果，pH值低于8时，效果明显降低；特殊温度下使氯己定的杀菌作用增强，0.5%氯己定水溶液在70℃时经3h可杀灭各种微生物（包括细菌芽孢）；醇类做溶剂可使杀菌作用增强。

（2）氯己定在消毒上的应用：①用于皮肤消毒，0.5%氯己定乙醇（70%）溶液用于手术前手及手术部位皮肤的消毒。0.5%氯己定乙醇（95%）溶液用手术前消毒，能使手术过程中保持最低细菌数。②0.5%氯己定水溶液可用于伤口创面的冲洗消毒。③0.02%～0.5%氯己定水溶液或醇溶液可用于物体表面，进行用品的喷洒、浸泡、擦拭消毒。

十、其他化学消毒剂

1. 高锰酸钾 高锰酸钾旧称过锰酸钾、灰锰钾，是暗紫色细长的棱形结晶体，或暗青铜色细微结晶体，无臭，性质稳定，可长期贮存。高锰酸钾是一种强氧化剂，可以有效杀死细菌、病毒和真菌，其0.01%～0.1%的水溶液作用10～30min就可杀灭细菌繁殖体、病毒，并能破坏肉毒杆菌毒素。2%～5%的水溶液作用24h，可杀灭细菌芽孢。近年来的报道表明，高锰酸钾对原虫也有杀灭作用。

（1）影响高锰酸钾消毒效果的因素：在一定范围内温度越高，杀菌作用越好；有机物的存在会降低其消毒效果。溶液中少量还原剂的存在易发生氧化还原反应而消耗一部分有效成分，降低其消毒效果。

高锰酸钾的毒性在浓溶液中表现得比较明显。用高锰酸钾消毒物品时，应及时洗净，对物品无损害，但物品与容器易被染成棕褐色，可用草酸或亚硫酸去除。

（2）高锰酸钾在消毒中的应用：高锰酸钾可用于皮肤、黏膜、污染物体表面的消毒。皮肤消毒的使用浓度为0.1%，黏膜消毒则为0.01%~0.02%，用于物体表面消毒时使用浓度为0.1%~2%。高锰酸钾还原后生成的二氧化锰能与蛋白质结合成蛋白盐类复合物，故有收敛、止泻作用，用0.1%的高锰酸钾溶液饮水可治疗胃肠炎和腹泻，或涂抹外伤防止渗出。

2. 氢氧化钠 氢氧化钠又称苛性钠，俗称火碱或烧碱，是一种强碱性高效消毒药。实际上粗制火碱中氢氧化钠的含量为94%，因其价格便宜，常用它代替氢氧化钠作为消毒剂，对细菌、病毒和芽孢均有杀灭作用，也可杀灭某些寄生虫卵。2%~3%溶液常用作鸡舍和鸡场门口消毒池内的消毒液，因车辆和行人的频繁往来，消毒液易失效，需常检查消毒液是否有效。2%~3%溶液用于消毒地面、料槽、饮水器、运输用具和车辆等。

3. 氧化钙 氧化钙即生石灰，加水后变成氢氧化钙，有杀灭细菌和病毒的作用，但对芽孢和结核杆菌效果较差。常配成10%~20%乳剂，用来粉刷鸡舍墙壁，因其会吸收空气中的二氧化碳气体而变成碳酸钙，失去消毒作用，所以应现配现用。氧化钙1kg加350mL水即成为石灰粉末，可撒在阴湿地面、粪池周围及污水沟等处消毒，需3~5d用1次，不宜用生石灰粉末消毒。

在寒冷地区，一般的消毒液易结冰而失效，常用氧化钙作为消毒剂，先使其成为石灰粉末后，再撒布于路面和鸡舍与鸡场门口的消毒池内，对往来的人员和车辆进行消毒。

4. 乳酸 乳酸为无色或淡黄色油状液体，无臭，有酸味。乳酸对革兰氏阴性球菌（如葡萄球菌、链球菌）及革兰氏阴性杆菌（如大肠球菌、沙门杆菌）等均有杀灭和抑制作用，但对细菌芽孢作用弱，没有杀灭力。因其毒性和价格便宜，所以常用于空气消毒。乳酸按 1∶5 稀释后可进行空间消毒；消毒孵化器（室）、化验室或仓库时，应紧闭门窗等通风口，每 100m^3 空间用乳酸 10mL，采用加热熏蒸或喷雾消毒，作用 30～60min 后，打开门窗通风。

5. 硼酸 硼酸为无色鳞片状或粉末状，无臭，水溶液呈弱酸性。硼酸对细菌只有抑制作用，没有杀灭作用。但因其刺激性小，不损伤组织，常用作冲洗和消毒较敏感的组织，如眼结膜、口腔黏膜和创伤组织等。

6. 甲紫溶液 甲紫溶液即紫药水，含甲紫溶液 1%。本品对革兰氏阳性细菌、真菌有选择性抑制作用。无刺激性，毒性小有收敛作用，主要用于皮肤、黏膜创伤感染及溃疡、皮肤表面真菌感染等局部涂擦。

第三节 消毒对象

消毒的主要对象包括饲养鸡的笼、舍、圈（包括 SPF 鸡的隔离器）以及通往鸡栖息地点的通道及周围空间，舍内设备包括垫料、食槽、饮水器，还包括鸡饲料、饮水、鸡排泄物和病死鸡等垃圾物；附属设备房屋包括饲料库，饲料草加工场，供电、供水、供暖设施，运输车辆及工具；饲养员、防疫员、兽医及检验设备的相关人员等。

一、终末消毒

终末消毒是指在患病鸡解除隔离、痊愈或死亡后，或者在疫区解除封锁之前，为了消灭动物隔离舍内或疫区内残留的病原体而进行全面彻底的大消毒，也用于“全进全出”的饲养模式下，待整批鸡全部淘汰上市后，对空舍进行严格消毒，确保本鸡场如一个新建的场一样无病原体，以防止上批疾病感染下批鸡。终末消毒是鸡场卫生防疫的重中之重，务必做好。

1. 消毒方法

（1）清扫和洗刷：机械清扫是搞好鸡场环境卫生最基本的方法。试验证明，清扫可使舍内细菌数减少 20% 左右，清扫后再用清水冲洗，舍内细菌数可减少50% ~60%，清扫冲洗后再用药物喷洒，舍内细菌数可减少90%左右。为了避免尘土及微生物飞扬，清扫时应先用水或消毒液喷洒，然后对鸡舍进行清扫，主要清除粪便、垫料、剩余饲料、灰尘及墙壁和顶棚上的蜘蛛网、尘土等。污物清除后，如是水泥地面，还应进行清水冲洗。

（2）消毒药喷洒或熏蒸：鸡舍清扫和冲洗干净后，即可用消毒药物进行喷洒或熏蒸。喷洒时，消毒液的用量每平方米1L，泥土地面、运动场为每平方米1.5L左右，消毒时应按一定顺序进行，一般从离门远处开始，以墙壁、顶棚、地面的顺序喷洒一遍后，再从内向外将地面重复喷洒1次，关闭门窗2~3h，然后打开门窗通风换气，再用清水冲洗饲料槽、地面等，将残余的消毒剂清除干净。另外，在进行鸡舍消毒时，也应对鸡舍附近及饲养用具等进行消毒。

终末消毒一般要求使用2~3种不同作用类型的消毒药进行2~3次消毒。只进行一次消毒或只用一种消毒剂，效果是不完全的，因为不同的病原体对不同的消毒剂敏感性不同。第一次消毒可用碱性消毒剂，如1% ~4%的烧碱或10%的石灰乳，用来粉刷地面、墙壁。适当浓度烧碱溶液还可用于喷雾消毒。第二次消毒可用酚类或氧化剂（过氧乙酸）进行喷雾消毒。第三次用甲醛熏蒸消毒，可用加热法或氧化法熏蒸，使用氧化法时先计算好消毒容积，每立方米用42mL福尔马林、21g高锰酸钾；消毒时要关闭门窗，将室温加热至20℃，室内相对湿度70%以上，作用7~24h。

2. 终末消毒注意事项

（1）彻底清扫和冲洗最关键：在鸡场，粉尘和粪便中含有大量的病原微生物，因此在冲洗时，特别注意天花板、墙壁和地面的干净，以保证鸡舍清洁。

（2）在冲刷之前，要将可移动的设备搬至室外，进行冲刷消毒，然后放在太阳光下暴晒消毒。

（3）终末消毒至少要经过两次以上的冲刷和消毒以及一次熏蒸消毒，消毒药至少三种以上，冲刷消毒待干燥后，要用清水彻底冲刷，防止消毒药的残留。

（4）熏蒸消毒前一定要将所有的设备、用具、垫料等全部搬入室内，关闭门窗及通风设备，然后进行熏蒸消毒。

（5）熏蒸消毒的同时，对鸡舍外围、运动场、走道等进行彻底消毒。

二、鸡舍带鸡消毒

鸡舍带鸡消毒的方法不仅能直接杀灭隐藏于鸡舍内环境包括空气中的病原微生物，又能直接杀灭鸡体表、呼吸道浅表滞留的病原体，是鸡场经常采用的一种行之有效的消毒方法。对马立克病、传染性法氏囊病、新城疫有良好的预防作用，对细菌性疾病如葡萄球菌病、大肠杆菌病、沙门杆菌病、支原体病等也有良好的防治作用，尤其对预防传染性鼻炎、支原体病等呼吸系统疾病的效果更佳。此外，还能沉降鸡舍内粉尘、防暑降温、增加湿度、净化空气、改善鸡舍环境，也利于饲养人员的健康。

1. 带鸡消毒的方法 首次带鸡消毒的日龄不低于 7 日龄，以后带鸡消毒时间可以根据鸡舍内的污染情况而定，一般在育雏期（42 日龄以前）每周进行 1 次，育成期 7 ~ 10 天 1 次，成鸡 10 天 1 次，发生疫病时则每天 1 次。清除粪便后也要带鸡消毒 1 次。喷雾量按每立方米约 15mL 计算，关闭门窗进行。为防鸡群应激，房内光线要暗，动作轻盈，消毒后可给鸡群一些预防应激的电解物质等。

常用带鸡消毒药使用浓度为：新洁尔灭，0.1%；过氧乙酸，育雏期 0.2%、育成鸡和成鸡用 0.3%；次氯酸钠，0.2% ~0.3%；复合酚（菌毒敌），育雏期 1∶300，育成鸡和成鸡用 1∶250 浓度，带鸡消毒由于消毒药直接与鸡体接触应选择毒性小、刺激性小且无残留的药物。

2. 带鸡消毒的注意事项

（1）带鸡消毒药物应选择低毒、高效、刺激性小、腐蚀性小的消毒药物。

（2）使用活疫苗前后 3 天，禁止带鸡消毒。

（3）冬季气温较低时，应在上午 11 点到下午 3 点气温较高时进行，消毒药稀释可用40℃温水配制，以防冷应激。

（4）带鸡消毒时，应达到鸡体羽毛轻度湿润为度。

（5）带鸡消毒时，为防止应激可在光线较暗时进行，且添加防应激的药物。

三、饮水的消毒

饮水是传播传染病入侵的重要渠道，必须重视对饮水的彻底消毒和水源的保护。饮水必须清洁，要求无色、无味、透明，如混浊必须过滤或用化学方法处理。使用饮水器的鸡场最好每隔3~4小时换1次饮水器，保持饮水清洁，饮水槽和饮水器要定期清理、消毒。

1. 饮水的消毒方法

（1）物理消毒法：主要是煮沸消毒法、紫外线消毒法、超声波消毒法、磁场消毒法、电子消毒法等，也可用滤过和沉淀法，经沉淀和滤过的清水，要用漂白粉消毒。生产中最常用的是煮沸消毒法和漂白粉消毒法。

（2）化学消毒法：消毒剂主要有含氯消毒剂、碘消毒剂、溴消毒剂、臭氧消毒剂等，其中以含氯消毒剂应用于饮水消毒最为广泛、安全、经济、便利、效果可靠。

饮水消毒是将饮水中的病原微生物杀灭，以防止鸡饮水时感染传染病而发生感染传播。饮水消毒方法简单，预先在另外的容器内调制成稀释液，然后放在饮水器或饮水槽内让鸡饮用。最主要的是要选择有效、安全且对鸡无毒性、无副作用、在鸡产品中无残留的消毒药。常用消毒剂：漂白粉，每升饮水加0.3~1.5g，或每立方米饮水加粉剂6~10g；过氧乙酸（20%），每升水加1mL；高锰酸钾（0.1%）、百毒杀（50%），每10kg水预防量为0.5~1mL，发病时1~2mL。

2. 饮水消毒注意事项

（1）饮水消毒是指对鸡饮用水的消毒，而不是饮消毒水，因此在对饮水进行消毒后要等消毒药蒸发后再饮用，否则会导致肠道有益菌数量减少，肠道菌群失调，出现拉稀。

（2）饮水消毒时要根据水质好坏，注意消毒药的浓度，严禁加大消毒药的浓度。

（3）饮水消毒时选择刺激性小、广谱、高效、低毒、安全、不残留的消毒药物。

（4）饮水消毒要注意经常检查消毒效果，消毒后的饮水质量要达到鸡的饮用标准。

四、空气的消毒

空气中有一定数量的微生物存在，主要来源于土壤中的微生物，随着尘土的飞扬进入空气中；人和鸡的排泄物、分泌物排出体外，干燥后其中的微生物也随之飞扬到空气中；特别是人和鸡的呼吸道、口腔的微生物随着呼吸、咳嗽、打喷嚏形成的气溶胶悬浮于空气中。若不采取相应的消毒措施，极易引起某些传染病的发病，特别是经呼吸道传播的传染病的流行。空气消毒的重点是鸡舍。一般鸡舍内被污染的空气中微生物数量每立方米可达 10 万个以上，在添加粗饲料、更换垫料、出栏、打扫卫生时，空气中微生物会大量增加。因此，必须对鸡舍内空气进行消毒。

1. 空气消毒的方法 空气消毒最简便的方法是通风和过滤，通风可以减少空气中细菌的数量，过滤可以减少进入鸡舍内粉尘及病原微生物的数量，从而达到对鸡舍空气消毒的目的。其次是利用紫外线杀菌或甲醛气体熏蒸或过氧乙酸熏蒸等化学药物进行消毒。

2. 空气消毒的注意事项

（1）消毒药物一定要广谱、高效、低毒、无刺激性。

（2）若采用熏蒸消毒时，一定关闭鸡舍门窗及通风设备，以提高消毒效果。

（3）空气消毒前一定对鸡舍的粉尘、灰尘进行打扫，以确保消毒效果。

五、人员的消毒

人是最大的传染源，特别是从事养鸡行业的人员，因此规模化鸡场要想有效控制传染病的发生，必须从人员隔离和消毒入手，防止病原微生物入侵，这样才能保障鸡场生物安全，防止传染病发生。所有规模化鸡场人员消毒必须做到下列要求：

（1）饲养管理人员应经常保持自身卫生、身体健康，定期进行常见的人禽共患病检疫，同时应根据需要进行免疫接种，如发现患有危害人及鸡的传染病者，应及时隔离，以防传染。

（2）饲养管理人员一般不允许离开场区，如离开场区回场需在生活区隔离3天，经沐浴更衣消毒后方可进入生产区。

（3）饲养管理人员从生活区到生产区，应洗澡更衣穿专用的工作服、胶靴等，并对其定期消毒。工作服定期煮沸消毒，或紫外线消毒；胶靴用3%～5%来苏儿浸泡消毒。

（4）饲养管理人员除工作需要外，一律不准在不同区域或栋舍之间相互走动，不得互相借用工具。

（5）任何人不准带饭，更不能将生肉及含肉制品的食物带入场内。场内职工和食堂均不得从市场购肉，吃肉问题由场内宰杀健康鸡供给。

（6）所有进入生产区的人员，必须坚持“三踏一更”的消毒制度。即：场区门前踏3%氢氧化钠池，更衣室更衣，消毒液洗手，生产区门前脚踏消毒及各鸡舍门前消毒（盆）消毒后方可入内。条件具备时，进入生产区再沐浴、更衣、消毒后，才能进入鸡舍内。

（7）场区禁止参观，严格控制非生产人员进入生产区，若生产或业务必须，经兽医同意、场领导批准后更换工作服、鞋、帽，经消毒室消毒后方可进入。严禁外来车辆入内，若生产业务必须，车身经过全面消毒后方可入内。

（8）生产区不准养猫、养狗，职工不得将宠物带入场内，不准在兽医诊疗室以外的地方解剖尸体。

（9）建立严格的兽医卫生防疫制度，生产场区和生活区分开。生活区的人员不得随便进入生产区。

（10）对于死亡鸡的检查、剖检等工作，必须在兽医诊疗室进行，或在距离水源较远的地方检查。剖检后的尸体以及死亡的尸体应深埋或焚烧。

（11）本场外出的人员和车辆，必须经过全面消毒后方可回场。

六、车辆的消毒

车辆及周转箱、蛋箱等已成为疫病传播的主要媒介，因此对鸡场车辆及周转箱、蛋箱消毒，对于减少传染病发生具有重要意义。在生产中因运输车辆、周转箱、蛋箱消毒不严导致鸡场疫病发生，在生产中屡见不鲜，因此，车辆消毒对于减少鸡场疫病发生具有重要意义。

1. 消毒的方法 在鸡场大门口应设置消毒池，消毒池的长度不应小于汽车轮胎周长的1.5倍，一般在2m以上；宽度应与门的宽度相同；水深10～15cm，内放2%～3%氢氧化钠溶液或5%来苏儿溶液。或者采用较为先进的自动喷淋消毒系统对整个车辆进行彻底消毒。池内消毒液要经常更换，使用时间一般不超过1周。北方冬季消毒池内的消毒药应更换为生石灰，以防冻结。

对运输鸡只的在途中没有发生传染病的车辆只进行粪便清除及热水冲洗即可；运输过程中感染或可疑感染传染病的车辆，应先清除粪便，用热水洗刷后，再进行消毒。

2. 车辆消毒注意事项

（1）车辆消毒时，除对车辆轮胎进行消毒外，还要对车辆外表进行全面消毒，以确保消毒效果。

（2）对运送淘汰鸡及产品的车辆，除对车辆消毒外，对笼具、蛋箱等也要严格消毒。

（3）疫区及外来车辆尽量不进入生产区，以免导致鸡场疫情发生。

（4）对于运输或搬移到生产区外的蛋箱，在进入生产区时要用3%氢氧化钠溶液浸泡消毒后，才能进入生产区。

七、粪便的消毒

鸡粪便中含有一些病原微生物和寄生虫卵，尤其是患传染病的鸡的粪便中，含有微生物数量会更多。如不进行消毒处理，直接作为农业肥料，往往成为传染源，因此对鸡粪便必须进行严格的消毒处理。

常见的方法有掩埋法、焚烧法、化学消毒法及堆肥发酵法。

1. 掩埋法　将粪便与漂白粉或新鲜的生石灰混合，然后深埋地下。一般埋的深度在2m左右。此种方法简单易行，但病原微生物有经地下水散布的危险性，且损失大量的肥料，故很少采用。适用于传染病发病期污染物的处理。

2. 焚烧法　焚烧是杀灭一切病原微生物最有效的方法，但大量焚烧粪便显然是不合适的。因此，只限于患烈性传染病的粪便。具体做法是挖一个深75cm、宽75～100cm的坑，在距坑底40～50cm处加一层铁炉箅子（炉箅子孔密些比较好，否则粪便会漏下）。如果粪便潮湿可加些干草，以利于燃烧，点燃时可加些燃料酒精或汽油。

3. 化学消毒法　适用于粪便消毒的化学消毒剂有漂白粉或10%～20%漂白粉液、0.5%～1%过氧乙酸、5%～10%硫酸、苯酚合剂、20%石灰乳等。使用时应注意搅拌均匀，使消毒剂与粪便混匀。由于粪便中有机物含量较高，不宜使用凝固蛋白质性能强的消毒剂，以免影响消毒效果。

4. 堆肥发酵法　利用粪便堆积发酵、产热，杀灭细菌和病毒，或者送入沼气池发酵，还能产生沼气，形成生态链，提高转化率。

八、鸡尸体的消毒

1. 尸体消毒方法　有掩埋、焚烧、化制和发酵四种方法。

（1）掩埋法：简单易行，但不是彻底的处理方法。因此，因烈性传染病死亡的鸡的尸体不能掩埋。掩埋坑的长度和宽度以能容纳下尸体为度，深度以尸体表面到坑缘的高度不少于1.5m。掩埋前，将坑底先铺垫上2～5cm厚的石灰。尸体投入后（将污染的土壤、捆绑尸体的绳索等一起放入坑内），再撒上一层生石灰，填土夯实。

（2）焚烧法：是销毁尸体、消灭病原体最彻底的方法，但消耗大量能源，所以，非烈性传染病尸体不常应用。进行焚烧时，要注意防火，选择离村镇较远，下风口的地方，在可控制的焚烧坑内进行。自制焚尸坑可选择十字坑、单坑和双层坑等形式，均是底部放置燃料（干草、木柴或加少许煤油或柴油助燃剂），放好尸体后从底部点燃，直至尸体烧成黑炭为止，烧后就地掩埋在坑内。

(3) 化制法：主要是将尸体放在有盖的大铁锅内煮炼至骨肉松脆为止。有条件的地方，是将尸体放入特制的化制加工器中炼制，达到消毒灭菌的目的。

(4) 发酵法：将尸体抛入尸体坑内，利用生物热的方法进行发酵，从而起到消毒灭菌的作用。坑一般为井式，深达 9 ~10m，直径 2 ~3m，坑口有一木盖，坑口高出地面 30cm 左右。将尸体投入坑内，堆到距坑口 1. 5m 处，盖封木盖，经 3 ~5 个月发酵处理后，尸体即可完全腐败分解。

2. 尸体消毒的注意事项

(1) 各舍要有存放鸡尸体的固定器皿和位置，鸡的尸体严禁乱丢。

(2) 鸡场内严禁剖检尸体，需要剖检的鸡只，必须在兽医室内经消毒后严格按流程进行剖检。

(3) 剖检后的尸体要按上述消毒方法进行处理。

(4) 对可疑的烈性传染病病鸡严禁剖检，并对其排泄物、分泌物及尸体采用焚烧或深埋的方法处置。

九、种蛋的消毒

因鸡粪尿道和产道为同一出口，鸡蛋产出后会或多或少地受到污染，蛋壳表面附着很多细菌，随时间推移，细菌数量迅速增多，有些细菌通过蛋壳上的气孔进入蛋内，污染种蛋。有许多蛋传性疾病，可以通过污染的蛋壳导致下代污染，因此对种蛋进行消毒，一般需进行 2 ~3 次，刚捡的蛋就要熏蒸消毒一次，进入蛋库时消毒一次，孵化前再消毒一次，这样可以提高孵化率增加健雏比例，减少蛋传性疾病的发生，提高雏鸡成活率，减少传染病发生，提高鸡群整齐度，对增加养鸡场的经济效益具有十分重要的意义。

1. 种蛋的消毒方法 常用的方法有熏蒸、擦拭、浸泡等。

(1) 熏蒸法：对多层放置的种蛋，可在高温（30 ~32℃）和高湿（60% ~70%）条件下进行甲醛熏蒸消毒，同时库内应安装风扇，在熏蒸时间内，适当地吹动甲醛气体，使其均匀地达到多层蛋的中心部位，分布至所有的空间内，以达到消灭蛋壳上病原菌的目的。熏蒸前要紧闭门窗和通风口，熏蒸后立即打开门窗和通风口，进行通风换气，种蛋立即从熏蒸箱内取出。

（2）擦拭法：配制0.01%高锰酸钾消毒液，水温应在40℃左右，然后将纱布在消毒液中浸湿，再用手拧一下，逐个擦拭鸡蛋的表面，直至清洁为止。如蛋壳上沾有粪污或血污而不易擦去时，可在消毒液中浸泡0.5～1min，然后擦净即可。当消毒液有凉感或混浊时，须重新更换。此法比浸泡法孵化率高，孵化率可达88%～93%。

（3）浸泡法：将高锰酸钾配成0.01%～0.05%的水溶液，充分搅拌，待完全溶解后呈浅紫色，水温40℃，置于大盆内，将种蛋放入大盆内浸泡2～3分钟，并洗去表面污物，取出晾干即干。

2. 注意事项

（1）在消毒前需去除蛋壳表面的粪便和污染物。

（2）采用浸泡消毒时，要提高消毒液的温度，及时更换消毒液，保证消毒液的浓度。浸泡消毒后待蛋壳表面干燥后，再将种蛋放入蛋库，以防霉菌污染。

（3）采用熏蒸消毒时，注意关闭门窗，种蛋之间要有一定的距离，以便甲醛气体渗透。

（4）种鸡场要及时收集种蛋，并及时消毒，以防随着蛋温的降低，蛋内形成负压状态，蛋壳表面的微生物随蛋壳气孔进入蛋内而污染种蛋。

十、雏鸡的消毒

对雏鸡进行消毒，可杀死体外的病菌，减少雏鸡早期水平传播疾病发生，对提高成活率具有重要意义。特别是肉鸡，经消毒后，毛色更好看，成活率更高，养殖效益更高。

1. 消毒的方法　在捡雏之前直接利用出雏器对雏鸡进行一次熏蒸消毒。在每立方米空间用福尔马林8mL、高锰酸钾4g加水4mL，熏蒸15min左右即可。雏鸡所用的出雏盘、雏鸡箱都要彻底消毒。

2. 雏鸡消毒的注意事项

（1）严格控制消毒液的浓度和消毒时间，防止甲醛损伤呼吸道和眼结膜。

（2）对雏鸡进行消毒时，要打开孵化器通风系统，防止高温导致雏鸡死亡。

（3）消毒后迅速加入 3 倍量的氨水以中和甲醛气体，以减少甲醛对鸡呼吸道的损伤。

十一、孵化器和出雏器的消毒

随着养鸡业规模化、集约化发展，孵化场规模不断扩大，孵化场高温高湿环境，以及雏鸡分泌物、排泄物已成为传染病的重要传播途径，因此，做好孵化器、出雏器及孵化室的消毒对于减少垂直传播性疾病和蛋传病具有十分重要的意义。

1. 消毒方法 先清扫冲洗浮尘，用布擦干内外壁及支撑部分，但要保护好控制系统，若不小心进水了，要用电吹风机吹干后再开机，以防损坏电路，最后再用熏蒸法消毒一次。熏蒸消毒先算出孵化机的容积，按每立方米用福尔马林 28mL、高锰酸钾 14g 的用量准备好消毒药物。消毒前将孵化机温度升高至 28℃以上，湿度达 60%～70%，再把备好的高锰酸钾预先放在一个瓷容器内。容器大小应为福尔马林用量的 10 倍以上，将容器放在孵化机的中央，然后按用量加入福尔马林，两种药物混合后即产生甲醛气体，关闭孵化机门及风门，熏蒸 1h 即可。消毒完毕后打开机门和通风孔，充分放出气体即可使用。

2. 注意事项

（1）孵化器和出雏器要定期进行消毒，一般每周要对孵化器的表面进行 1 次擦拭消毒。每孵化一批、出雏一批，都要进行彻底消毒。

（2）每出雏一批，要对出雏器、出雏盘、蛋架进行冲刷，待清理干净后用消毒药冲刷消毒，然后用清水冲洗干净，干燥后再用甲醛进行熏蒸消毒。

（3）对孵化器、出雏器进行消毒的同时，对孵化场也进行严格的消毒。

（4）做好孵化副产品，如蛋壳、毛蛋等的消毒处理。

（5）定期清理孵化器风门、转动丝杠、加湿水盘、翻蛋链条、探头上的绒毛和杂物。

十二、其他用具用品的消毒

鸡场中用具用品很多，这些用具用品的材料、用途各不相同，因而采用方法不尽一致。具体应用如工作服用紫外线灯照射，工具类用福尔马林熏蒸，车辆喷洒消毒，蛋托浸泡消毒，医疗器械高压消毒等。

第四节　常用的消毒方法

一、物理消毒法

在养鸡业应用较多的物理消毒技术主要有过滤消毒技术、热力消毒技术和辐射消毒技术。还包括机械清扫、洗涮及通风换气、日光暴晒等。

1. 过滤消毒技术　过滤除菌是以物理阻留的方法，去除介质中的微生物。主要用于去除气体和液体中的微生物。其除菌效果与滤器材料的特性、滤孔大小和静电因素有关。过滤除菌的应用主要有两种：

（1）液体过滤除菌：对一些不耐热的或不能用化学方法除菌的液体制剂、血清制品、培养基不耐热成分的除菌，广泛用于大型鸡场的检验室。

（2）空气滤过消毒：消除空气中的微生物，用以消毒房间、鸡舍、SPF 动物房以及各种洁净工作台，高效、安全地进行空间的空气消毒。

滤菌器的选择及注意事项：①根据滤过除菌的要求选择合适的规

格和种类，对于严格灭菌的物品，宜采用高效薄膜滤器为佳。②滤器装配准确，滤膜的正反面要准确，用前要将滤器灭菌处理，合理拧紧各部位螺钉，有利于保护滤膜。③及时检查滤过除菌的效果，必要时进行细菌学检验。使用中注意排除影响滤过效果的因素，如温度、pH 值和介质的污染程度。悬浮或沉淀污物颗粒过多的滤过物先进行离心处理，然后滤过，才能提高过滤除菌的速度。④要注意滤器的保养，防止撞击，空气滤过装置要注意防尘和防腐。通风管道要及时清理，备用滤器要清洗干净，干燥，以防真菌生长。

2. 热力消毒技术 热可以灭活一切微生物，包括细菌的繁殖体、真菌、病毒和抵抗力最强的细菌芽孢，因此在养殖场消毒中被广泛应用。热力消毒的方法主要分为两类：干热和湿热消毒灭菌。由于微生物的灭活与其本身的种类、含水量和环境水分有关，所以，两种灭菌方法所需温度和时间不同。

（1）干热消毒和灭菌：主要包括焚烧、烧灼、红外线照射和干烤四种方法。

1）焚烧灭菌：主要是对病鸡尸体、垃圾、污染的杂草、地面和不可利用的物品器材采用燃烧的办法灭菌。具体做法为将其点燃或在焚烧炉内烧毁，从而消灭传染源。体积较小、易燃的杂物等可直接点燃；体积较大，不易燃烧的病死鸡尸体、垃圾和粪便等可泼上汽油后直接点燃，也可在焚烧炉中架在易燃的物品上焚烧。

2）烧灼灭菌：是指直接用火焰灭菌。适用于笼具、地面、墙壁以及兽医站使用的接种针、剪、刀、接种环等不怕热的金属器材；在没有其他灭菌方法的情况下，对剖检器械也可灼烧灭菌。接种针、环、棒以及剖检器械等体积较小的物品可直接在乙醇灯火焰上或点燃的乙醇棉球上直接灼烧。笼具、地面、墙壁的灼烧必须借助火焰消毒器进行。

3）红外线照射灭菌：是通过红外线的热效应起到与干热相同的杀菌作用。但红外线的热效应只能在其照射到的物体表面产生，不同颜色的物体对红外线的吸收不同。

4）干烤灭菌：在干热消毒灭菌的方法中，该方法是目前应用最为稳定和广泛的方法，它是在特定的干烤箱内进行的对耐高温的物品的灭菌，如玻璃制品、金属制品、陶瓷制品等。不适用对纤维织物、塑料制品的灭菌。

应用烤箱灭菌时应注意：①器械应洗净后再干烤，以防附着在器械上面的污物炭化。②玻璃器材干烤前洗净并干燥，灭菌时勿与烤箱底壁直接接触，灭菌结束后应待烤箱温度降至40℃以下再打开烤箱，以防灭菌器具炸裂和着火。③物品包装不宜过大，干烤物品体积不能超过烤箱容积的2/3，物品之间应留有空隙，以利于热空气流通。粉剂和油剂不宜太厚（小于1.3cm），有利于热的穿透。④灭菌过程中，高温下不得中途打开烤箱，以免引燃灭菌物品。⑤棉织品、合成纤维、塑料制品、橡胶制品、导热差的物品及其他在高温下易损坏的物品，不可用干烤灭菌。⑥灭菌时间计算，应从温度达到要求时算起。

（2）湿热消毒和灭菌。

1）煮沸消毒：是使用最早的消毒方法之一，方法简单、方便、安全、经济、实用，效果比较可靠。适用于养殖场检验室器材及兽医室医疗用品的消毒。

2）流通蒸汽消毒：又称为常压蒸汽消毒。是在101.32kPa（1个大气压）下，用100℃的水蒸气进行消毒，常用于一些不耐高温的物品（金属玻璃注射器、滴管、针头）消毒。通过间歇灭菌法可以杀灭芽孢。

3）巴氏消毒法：主要用于牛奶、血渍、疫苗的消毒，主要是消毒不耐高温的物品，温度一般控制在60～80℃。主要根据消毒物品性质确定消毒温度，牛奶类62.8～65.6℃，血渍56℃，疫苗56～60℃，医疗用的膀胱镜浸泡温度75～80℃（10min）。

4）低温蒸汽消毒（73℃）法和甲醛低温蒸汽消毒法：主要对不耐高温物品的消毒。

5）高压蒸汽灭菌：具有灭菌速度快、效果可靠、温度高、穿透力强等特点，是目前实验室、医疗卫生和防疫部门最常用的一种消毒灭菌方法。

3. 辐射消毒和灭菌 辐射消毒和灭菌主要分为两类，一类是紫外线消毒，另一类是电离辐射消毒。紫外线辐射消毒值得注意的是，经紫外线照射后，引起微生物 DNA 和 RNA 变性，可在可见光线（330～480nm）照射下经修复恢复正常结构。因此，紫外线消毒具有可逆性。

（1）对空气的消毒：紫外线灯的安装有三种方式。

1）固定式，用于房间（笼、舍和超净工作台）消毒。将紫外线灯吊装在天花板或墙壁上，离地面 2.5m 左右，灯管安装金属反光板，使紫外线照射与水平面成 30°～80°。这样使上部空气经紫外线照射，而上下层空气对流产生时，整个空气都会受到消毒。通常以每 6～15m^3 空间用 1 支 15W 紫外线灯。在直接照射时（例如超净工作台）以每 4W/m^2 电能，普通地面照射以 3.3W/m^2 电能，例如，9m^2 地面需 1 支 30W 紫外线灯。

2）移动式照射，主要用于传染病病房的空气消毒，养鸡场较少应用。

3）紫外线屏幕，在建筑物的出入口安装带有反光罩的紫外线灯，可在出入口形成一道紫外线的屏障。一个出入口安装 5 支 20W 紫外线灯管，这种装置可用于烈性菌实验室的三防工事，空气经过这一屏幕，细菌数可减少 90% 以上。

（2）对水的消毒：紫外线在水中的穿透力，随深度的增加而降低，且受水中杂质的影响，杂质越多紫外线的穿透力越差。常用的装置有：①直流式紫外线水液消毒器，使用 30W 灯管每小时可处理 2 000L水；②套管式紫外线水液消毒器，每小时可处理 150L 水。

4. 电离辐射灭菌 是利用伦琴射线或电子辐射能穿透物品，杀死其中微生物的一种低温灭菌方法，称为电离辐射灭菌。目前，电离辐射灭菌广泛应用于食品、饲料、医疗器械、化学药品、生物制品等各领域，特别是由于电离辐射灭菌低温、无热交换、无压力差别和扩散的干扰，从而优于其他物理灭菌方法。

二、化学消毒法

使用化学药品（或消毒剂）进行的消毒方法称为化学消毒法，

化学消毒法主要应用于鸡场内外环境中，鸡笼、舍、饲槽，各种物品表面及饮水消毒。常用的化学消毒灭菌方法有浸泡法、擦拭法、熏蒸法及喷雾法等。

浸泡法选用杀菌谱广、腐蚀性弱的水溶性消毒剂，将物品浸没于消毒剂内，在标准浓度和时间内进行消毒灭菌。擦拭法中，选用易溶于水、穿透性强的消毒剂，擦拭物品表面，在标准浓度和时间内进行消毒灭菌。熏蒸法是指加热或加入氧化剂，使消毒剂呈气态，在标准浓度和时间里达到消毒灭菌目的。熏蒸法适用于精密贵重仪器和不能蒸、煮、浸泡的物品消毒及空气消毒。喷雾法则是借助普通喷雾或气溶胶喷雾器，使消毒剂形成微粒气雾弥散在空间，进行空气和物品表面的消毒。如用1%漂白粉澄清液或0.2%过氧乙酸溶液作空气喷雾；对细菌芽孢污染的物品表面，在18℃以上的室温下，每平方米喷雾2%过氧乙酸溶液8mL，经30min，可达99.9%的杀灭率。

化学消毒剂分为高效消毒剂、中效消毒剂和低效消毒剂。高效消毒剂能在短时间内杀灭所有微生物，如过氧化物消毒剂、醛类消毒剂和含氯消毒剂。中效消毒剂能杀灭细菌繁殖体、真菌和病毒，但不能杀灭细菌芽孢，如碘类消毒剂和醇类消毒剂等。低效消毒剂只能杀死一般细菌繁殖体、部分真菌和病毒，不能杀灭结核杆菌、细菌芽孢和抗力较强的真菌和病毒，如酚类消毒剂和季铵盐类消毒剂等。（详见消毒药物章节）

三、生物消毒法

生物消毒法是利用自然界广泛存在的微生物，在氧化分解污物（如垫料、粪便等）中的有机物时所产生的大量热能来杀死病原体。生物消毒方法有很多，在养鸡生产中常用的有地面泥封堆肥发酵法和坑式堆肥发酵法等。

1. 地面泥封堆肥发酵法　堆肥地点应选择在距离鸡舍、水池、水井较远处。挖一宽3m、深25cm、两侧向中央稍倾斜的浅坑，坑的长度依粪便的多少而定。沿两侧挖一宽、深各25～30cm的小沟，用以消灭蝇蛆。沿坑的长轴在中央挖一宽、深各50cm的沟。坑底用黏土夯实。用小树枝条或小圆棍横架覆盖于中央沟上，以便空气可通入。沟的两端冬天关闭，夏天打开。在坑底铺一层厚30～40cm的干草或非传染病的鸡粪便。然后将要消毒的患病鸡粪便堆积其上。粪便堆放时要疏松，掺10%马粪或稻草。干粪需加水浸湿，冬天应加热水。粪堆高1.2m。粪堆好后，在粪堆的外表面，覆盖一层厚10cm的稻草或杂草，然后再在草外面封盖一层10cm厚的泥土。这样堆放1个月（夏天）至3个月（冬天）后即达消毒目的。

2. 坑式堆肥发酵法 在适当的场所设粪便堆放坑池若干个，坑、池的数量和大小视粪便的多少而定。坑池的内壁最好用水泥或坚实的黏土筑成。堆肥前，在坑底垫一层稻草或其他秸秆，然后再堆放待消毒的粪便，上面再堆一层稻草之类的东西，或健康鸡粪便，堆好后表面加约10cm厚的土或草泥一层。粪便堆放发酵1～3个月即达消毒的目的。若堆粪时，粪便过于干燥，应加水浇湿，以便其迅速发酵。另外，在生产沼气的地方，可把堆肥发酵与生产沼气结合在一起。值得注意的是，生物发酵消毒法不能杀灭芽孢。因此，若粪便中含有炭疽、气肿疽等芽孢杆菌，则应焚毁或加有效化学药品处理。

第五节 影响消毒效果的因素

一、消毒液的浓度

消毒液的浓度是决定消毒效果的首要因素，要想起到满意的效果，必须有一定的药物浓度，浓度偏低不能有效杀灭病原体，但也不是越高越好，还要考虑经济效益和安全性。一般情况下制药厂在药物出厂时，就根据药物的性质和病原体的杀灭能力，规定了药物的使用浓度，所以使用时要按生产厂家说明或要求进行。

消毒剂的剂量是杀灭微生物的基本条件，它包括消毒强度和时间两方面。消毒强度在热力消毒时，是指温度高低；在化学消毒时，是指药物浓度；在紫外线消毒时，是指紫外线照射强度。强度与作用时间的乘积为剂量。一般来说，增加消毒处理强度可相应提高消毒

（杀菌）的速度；而减少消毒作用时间也会使消毒效果降低。当然，如果消毒强度降低至一定程度，即使再延长时间也达不到消毒目的。在一定范围内时间与强度之间可以互相增减达到互补。为了保证消毒效果，满足所需要的作用强度非常重要。消毒处理的剂量是杀灭微生物所需的基本条件，在实际消毒工作中，必须明确处理所需的强度和时间，并在操作中充分落实，否则，难以达到预期效果。

二、环境温度的影响

温度不仅是热力消毒的决定因素，对其他消毒方法亦是重要因素。除热力消毒完全依靠温度作用来杀灭微生物外，其他各种消毒方法亦都受温度变化的影响。一般来说，无论是在物理消毒还是化学消毒中，温度越高效果越好，因为消毒药是温度越高分子运动越剧烈，分子与病原体接触机会越多，消毒效果就越好。温度低时则消毒效果会受到影响。如熏蒸消毒时，在 15℃以下时会降低消毒效果。关于温度变化对消毒效果的影响程度，往往因消毒方法、药品及微生物种类不同而异，一般可用温度系数来表示。有的情况下，消毒处理本身就需要一定温度才行，因此，当温度降到极限以下时，即无法进行消毒处理。例如，环氧乙烷熏蒸，低于 10.7℃时，药物本身就不能挥发成气体；紫外线照射时，灯管本身功率输出的强度也随着温度降低而减弱，有的灯管在 4℃时，输出功率的强度只有 27℃时的 1/5 ~ 1/3。但是有些消毒药，如氯制剂、碘制剂因具有易挥发的特性，高温反而会导致有效成分的挥发，降低消毒效果。

三、微生物污染程度的影响

微生物污染程度越严重，消毒就越困难，原因是需要的作用时间延长、消耗的药物增加、微生物彼此重叠，加强了机械保护作用，耐力强的个体随之增多等。对于污染严重的消毒对象，消毒处理的剂量要加大，在消毒的实际工作中，规定的剂量一般都能使污染比较严重的物品达到消毒要求，并还留有一定的安全系数。除非污染特别严重，一般按规定的剂量处理即可。

四、消毒环境酸碱度的影响

酸碱度主要影响化学消毒剂的作用。酸碱度的变化可直接影响某些消毒方法的效果。一方面是 pH 值对消毒剂本身的影响会降低或提高消毒剂的活性，另一方面是 pH 对微生物的影响。化学消毒剂由于其化学性质的不同，对酸碱度的要求不同，戊二醛类和季铵盐类消毒剂在碱性条件下杀菌效果好，如戊二醛在 pH 值由 3 升至 8 时，杀菌作用逐步增强；而酚类消毒剂、含氯消毒剂等则在酸性条件下作用强，如次氯酸盐溶液，pH 值由 3 升至 8 时，杀菌作用逐渐下降；洗必泰、季铵盐类化合物在碱性环境中杀菌作用较大。有些消毒剂可通过复方强化来改变其对酸碱度的依赖性。

五、环境湿度的影响

消毒环境相对湿度对气体消毒和熏蒸消毒的影响十分明显，湿度过高或过低都会影响消毒效果，甚至导致消毒失败。室内空气甲醛熏蒸消毒的相对湿度应为 65% ~70%，过氧乙酸熏蒸消毒的相对湿度应为 60% ~80%，小型物体环氧乙烷消毒处理的相对湿度以 40% ~60% 为宜，大型物体（大于 0.15m^3）消毒为 50% ~80%。另外，紫外线在相对湿度为 60% 以下时，杀菌力较强；在 80% ~90% 时，杀菌力下降 30% ~40%，因为相对湿度增高会影响紫外线的穿透力。

六、化学拮抗物的影响

化学消毒剂均有独特的化学性，其活性必然受到性质相反物质的影响。如氧化性消毒剂可被环境中还原性物质破坏，阴离子消毒剂亦受阴离子物质的影响；季铵盐类消毒剂的作用会被肥皂或阴离子的洗涤剂所中和；酸性或碱性的消毒剂会被碱性或酸性的物质所中和，减弱其消毒作用。另外，环境中蛋白质、油脂类物质都能消耗和破坏化学消毒剂。

七、消毒剂的种类与消毒对象的影响

针对要杀灭的微生物特点，选择合适的消毒剂是消毒工作成败的关键。要杀灭细菌的芽孢、真菌的孢子或结核杆菌、肝炎病毒则必须选择高效的化学消毒剂或能达到灭菌的物理消毒方法，才能取得可靠的消毒效果。

八、微生物种类对消毒剂敏感性的影响

针对要杀灭的微生物对消毒剂的敏感性选择消毒方法和消毒剂型是有效消毒的保证。总的来说，细菌芽孢对消毒剂的抵抗力最强、敏感性最差；而细菌的繁殖体，特别是革兰氏阳性菌的繁殖体对消毒剂的敏感性最高。

九、有机物质的影响

消毒环境中的有机物质往往能抑制或减弱消毒剂的杀菌能力，特别是化学消毒剂的杀菌能力。这是因为，一方面有机物包围在微生物周围，对微生物起到保护作用，阻碍消毒剂的穿透；另一方面在化学消毒剂中，有机物本身也能通过化学反应消耗一部分化学消毒剂。各种消毒剂受有机物的影响不尽相同，如在有机物存在时，含氯消毒剂的杀菌作用显著下降；季铵盐类、双胍类和过氧化合物类的消毒作用受有机物的影响也很明显；但环氧乙烷、戊二醛等消毒剂受有机物的影响比较小。如果有机物存在，消毒剂量则应加大。

十、消毒剂穿透能力的影响

物品被消毒时，杀菌因子必须直接作用到微生物本身才能起杀菌作用。不同消毒因子穿透力不同。例如，干热消毒比湿热穿透力差；甲醛蒸气消毒比环氧乙烷穿透力差；紫外线消毒只能作用于物体表面和浅层液体中的微生物，一张白纸即可使其杀菌力降低 95% 以上。消毒中所需要的穿透时间，往往要比杀灭微生物所需的时间长得多，最长的可达十几至数十小时。消毒时，除了要保证有足够的穿透时间

外，还需要为消毒作用的穿透创造条件。

十一、消毒液表面张力的影响

消毒液表面张力的降低，有利于药物接触微生物而促进杀灭作用。为增进消毒效果，一方面可选用表面张力低的溶剂溶液，另一方面可在消毒液中加入表面活性剂，以降低溶液的表面张力。在加入表面活性剂时应注意选择，防止与消毒剂本身产生拮抗作用。此外，温度提高也具有降低药液表面张力的作用。

十二、消毒方法和时间的影响

消毒方法和消毒时间也是影响消毒效果的主要因素，对不同的消毒对象应该采取不同的消毒方法，清洗消毒要彻底、喷洒消毒要均匀，不留盲区。熏蒸消毒要保证足够的时间和药物浓度并进行封闭，浸泡消毒也要注意药物浓度和时间，火焰消毒要彻底不留死角，生物消毒要掌握温度和密封时间。不管采用哪种消毒方法，都要有充足的时间保证，才能达到预期消毒的效果。

第三章 规模化鸡场免疫技术

第一节 免疫接种的意义

我国养鸡业经过30多年的发展，养殖数量和规模都不断增大，但行业不规范，养鸡业的门槛低，不同规模的养鸡场（户）连成一片，而且从国外引种的同时也引进了国外的鸡病病原。近几年虽然在生物安全预防措施、免疫程序、疫苗生产等方面取得了长足进步，但还有种种疾病困扰着养鸡业的发展，主要有传染病、寄生虫病、营养代谢病、中毒病等。其中传染病的危害最为严重，表现为老病如鸡新城疫、鸡白痢等病未控制住，又有新病如马立克病、传染性法氏囊病、变异型传染性支气管炎等发生。而且不同传染病混合感染、继发感染增多。又因管理制度不健全，造成病原的扩散，重复感染增多，增加了治疗难度。特别是近年来我国部分省份相继发生高致病性禽流感疫情，给养鸡业带来了明显的冲击。

免疫接种是激发鸡机体特异性免疫力，使易感鸡只转化为非易感鸡只的重要手段，是预防和控制疾病的重要措施之一。免疫接种可分为两种：一种是预防接种，即为了预防某些传染病的发生和流行，有计划地给健康鸡进行的免疫接种；另一种为紧急接种，是在发生传染病时，为了迅速控制和扑灭疾病的流行，而对疫区和受威胁区尚未发病的鸡只进行的紧急性免疫接种。根据接种物性质不同，还可分为人工被动免疫和人工主动免疫。前者是将免疫血清（卵黄）或自然发病后康复鸡只的血清人工输入未免疫的鸡只，使其获得对某种病原的抵抗力。如抗鸡巴氏杆菌血清可防治鸡的禽霍乱，鸡群暴发鸡传染性法氏囊病时，用含有高效价传染性法氏囊病毒卵黄抗体进行紧急接种等，可起到良好的防治效果。但因血清或卵黄抗体用量大，供不应求，同时价格高，免疫期短，实践中使用较少。人工主动免疫是指给鸡只接种疫（菌）苗等生物制品，刺激机体免疫系统发生应答反应，产生特异性免疫力。实践证明，如发生鸡新城疫、鸭瘟等病时，在疫区内使用疫（菌）苗进行紧急接种是切实可行的，可使传染病流行很快停息，减少死亡，减少因患某种传染病而造成的经济损失。

对于鸡的多种传染病，目前还没有很好的治疗方法。免疫接种在规模化养鸡业生产中是一项十分重要的工作，只有认真贯彻预防为主的方针，防患于未然，才能使养鸡生产稳定，促进养殖者收入增加。为了养鸡生产的安全，必须制定适用的免疫程序。

第二节　常用的疫（菌）苗

广义的疫苗是指用于人工预防接种的生物制品，根据免疫原的不同可分为疫苗、菌苗和类毒素 3 种。凡由特定病毒制成的免疫制剂称为疫苗；凡由特定细菌、支原体等制成的免疫制剂称为菌苗；类毒素是细菌外毒素经甲醛脱毒后的制品。通常将上述三者统称为疫苗。

根据疫苗的性质和制备方法不同，疫苗可分为以下几种。

1. 活苗　是将特定病毒、细菌等微生物毒力致弱制成的疫苗或菌苗，常用的有弱毒苗、中等毒力苗和异源苗。

（1）弱毒苗：是自然分离弱毒株或利用毒力减弱技术使毒力减弱但仍保持良好免疫原性的菌（毒）株制成。弱毒疫（菌）苗接种后产生免疫速度较快，如鸡新城疫弱毒疫苗接种后 2 ~ 3 天即可产生免疫。因此，既可用作预防免疫，也可用作紧急免疫。但鸡免疫接种弱毒疫苗后，其刺激机体产生的免疫抗体水平不高，且在体内维持时间短，一般可维持 3 ~ 6 个月，免疫保护作用也较差，且需在低温下运输和保存。

（2）中等毒力苗：在毒力上比强毒弱，比弱毒强，具有良好的

免疫原性。此种疫苗在接种幼鸡后有较强的副作用，免疫反应较大，对较大的鸡有较好的免疫作用，免疫力高于弱毒苗。如新城疫Ⅰ系苗、传染性支气管炎 H_{52} 冻干苗等。

（3）异源苗：是指不用本病毒，而用与其具有共同抗原性的其他病毒制备的疫苗。如鸽痘病毒可保护鸡不感染鸡痘，鸡马立克病用火鸡疱疹病毒疫苗来预防。

2. 灭活苗　是用理化方法将病原微生物灭活，使其失去致病性和繁殖能力，但仍保持免疫原性而制成的生物制品。鸡接种后仍能产生特异性抵抗力。灭活苗安全，没有任何带毒的可能，也不存在返毒现象，不需冷冻保存，常温下可保存较长时间，不受体内抗体（包括母源抗体）的干扰。多种疫苗间若无干扰，可制成联苗；目前使用的灭活苗多数是经过精制浓缩的，大大提高了病毒抗原的浓度。另外，由于灭活苗接种后不能在动物体内繁殖，因此使用接种剂量较大，免疫期较短。为提高免疫效果，常在疫苗中加入免疫佐剂，佐剂能吸附抗原并在动物体内形成免疫贮存，从而提高疫苗免疫效果。佐剂吸附的抗原缓慢而长时间地向机体组织内释放，呈现对机体的持续刺激，进而诱发坚强而持久的免疫力，某些佐剂本身还能动员免疫活性细胞，促使抗体产生和免疫细胞的分化和增殖。所以，灭活苗具有安全无毒、常温保存、免疫力强、免疫期长、免疫次数少的优点。但其在体内不能增殖和复制，具有用量大、成本高、免疫力产生较慢等缺点。在生产上根据佐剂不同将灭活苗分为氢氧化铝灭活苗、油乳剂灭活苗、蜂胶灭活苗及水苗等类型。

3. 新型疫苗　除上述疫苗外，近年来利用分子生物学技术研制产生的新型疫苗日渐增多，目前已经在我国应用的主要有以下几种。

（1）病毒载体活疫苗：是用基因工程技术将保护性抗原基因（目的基因）转移到载体中，使之表达。例如，痘病毒、腺病毒和疱疹病毒等都可用作载体，将痘病毒基因组内的TK基因、腺病毒的E1和E3区内的一些核苷酸序列切除或使其突变，并在该区域内插入外源性基因片段后，均不影响病毒的复制。这样将异源病毒的保护性抗原基因等插入其中再通过相应的基因工程技术，就可获得重组的病毒，该种病毒接种鸡群后，不仅可以诱导鸡群产生针对异源病毒的特异性免疫反应，而且能够产生针对载体病毒的免疫保护，如果在载体病毒中插入多个异源病毒的保护性抗原基因，就可以达到一针防治多病的目的。目前，利用该技术研制成功的痘－流二联苗已经通过我国农业部的批准并投放市场。

还有一类病毒载体活疫苗是利用 RNA 病毒作为疫苗的载体，如使用流感病毒或新城疫病毒作为疫苗载体，利用反向遗传操作技术，把其他重要传染病病毒的保护性抗原基因插入这些病毒的基因组上，或者在这类载体病毒的基因组上加入遗传标记而获得的一类弱毒疫苗。农业部已批准使用该技术研制成功的新（城疫）－流（感）二联弱毒苗投放市场。

（2）联苗和多价苗：联苗是指由两种或两种以上的细菌（或病毒）联合制成的疫苗，一次免疫可达到预防几种疾病的目的。如新城疫－减蛋综合征－传染性法氏囊三联苗。多价苗是指将同一种细菌（或病毒）的不同血清型混合制成的疫苗，如巴氏杆菌多价苗、大肠杆菌多价苗、鸡马立克病 HVT－SB1 双价冻干苗等。

此外，尚有多种类型的疫苗正处于试验研究阶段，如 DNA 疫苗、基因工程亚单位疫苗、基因缺失弱毒疫苗等，预期在不远的将来会有更多、更有效的新型疫苗出现和使用。

一、禽流感疫苗

1. 重组禽流感灭活疫苗（H_5N_1 亚型，Re－5） 疫苗中含灭活的重组禽流感病毒 H_5N_1 亚型，Re－5 株，灭活前鸡胚液血凝效价≥8log2。用于预防 H_5 亚型禽流感病毒引起的鸡、鸭、鹅的禽流感。接种后 14d 产生免疫力，鸡免疫期为 6 个月，鸭、鹅加强接种 1 次，免疫期为 4 个月。

2. 重组禽流感病毒 H_5 亚型二价灭活疫苗（H_5N_1，Re－5 株＋Re－4 株） 疫苗中含灭活的重组禽流感病毒 H_5N_1 亚型 Re－5 株和 Re－4 株。灭活前 Re－5 株鸡胚液 HA（血凝）效价≥9log2，Re－4 株鸡胚液 HA（血凝）效价≥8log2。用于预防由 H_5 亚型禽流感病毒引起的禽流感。

3. 禽流感灭活疫苗（H_9 亚型，SS 株） 疫苗中含灭活的禽流感病毒 A/Chicken/Guangdong/SS/94（H_9N_2）株，灭活前的病毒含量≥$5\times10^{7.0}EID_{50}$/mL。用于预防 H_9 亚型禽流感病毒引起的禽流感，接种后 21d 产生免疫力，免疫持续期为 6 个月。

4. 禽流感（H_5+H_9）二价灭活疫苗（H_5N_1 Re－5＋H_9N_2 Re－2 株） 疫苗中含灭活的重组禽流感病毒 H_5N_1 亚型 Re－5 株和 H_9N_2 亚型 Re－2 株，灭活前鸡胚液的 HA（血凝）效价均≥9log2。用于预防由 H_5 和 H_9 亚型禽流感病毒引起的禽流感，免疫期为 5 个月。

二、鸡新城疫疫苗

1. 鸡新城疫活疫苗（Ⅰ系） 本品系用鸡新城疫病毒 Mukteswar 株接种易感鸡胚培养，收获感染鸡胚液，加适当稳定剂，经冷冻真空干燥制成。本品供预防鸡新城疫，专供已经用鸡新城疫低毒力活疫苗免疫过的 2 个月龄以上的鸡使用，免疫期为 12 个月。

2. 鸡新城疫活疫苗（CS_2 株） 本品供预防鸡新城疫。专供已经用鸡新城疫低毒力活疫苗免疫过的鸡使用，免疫期为 12 个月。

3. 鸡新城疫低毒力活疫苗（Ⅱ系） 本品系用鸡新城疫低毒力（Ⅱ系）毒株，接种 SPF 鸡胚培养，收获感染胚液加适当稳定剂，经冷冻真空干燥制成。用于预防鸡新城疫。各种日龄的鸡均可使用。

4. 鸡新城疫低毒力活疫苗（Ⅳ系） 本品系用鸡新城疫低毒力弱毒株 Lasota 接种 SPF 鸡胚，收获感染的病毒液，加适当稳定剂，经冷冻真空干燥制成；每羽份疫苗病毒含量不低于 10^6EID_{50}。用于不同年龄品种健康鸡群的正常免疫和紧急免疫接种，以预防鸡新城疫。

5. 鸡新城疫低毒力活疫苗（ND clone30） 本品系用鸡新城疫低毒力克隆株 30 接种 SPF 鸡胚，收获感染的病毒液，加适当稳定剂，经冷冻真空干燥制成。用于 1 日龄以上各品种健康鸡群基础免疫，也可用于加强免疫，以预防鸡新城疫。

6. 鸡新城疫灭活疫苗 本品系用鸡新城疫弱毒株 Lasota 株接种易感鸡胚，收获感染鸡胚液，灭活后与油佐剂混合乳化制成。用于预防鸡新城疫。适用于各日龄健康鸡群的免疫接种。

三、鸡传染性支气管炎疫苗

1. 鸡传染性支气管炎活疫苗（H_{120}） 本品系用鸡传染性支气管炎弱毒株 H_{120} 接种 SPF 鸡胚培养，收获感染鸡胚液，加适当稳定剂，经冷冻真空干燥制成。用于健康鸡群的正常免疫接种和紧急免疫接种，以预防鸡传染性支气管炎。

2. 鸡传染性支气管炎活疫苗（H_{52}） 本品系用鸡传染性支气管炎弱毒株 H_{52} 接种 SPF 鸡胚培养，收获感染鸡胚液，加适当稳定剂，经冷冻真空干燥制成。用于健康鸡群的加强免疫接种，以预防鸡传染性支气管炎。

3. 鸡肾型传染性支气管炎活疫苗（IBN） 本品系用鸡肾型传染性支气管炎弱毒株 IBN 接种 SPF 鸡胚，收获感染鸡胚液，加适当稳定剂，经真空冷冻干燥制成。用于健康鸡群的正常免疫接种和紧急免疫接种，以预防鸡肾型传染性支气管炎。

四、鸡传染性法氏囊病疫苗

1. 鸡传染性法氏囊病中等毒力株活疫苗（IBD B_{87}） 本品系用鸡传染性法氏囊病中等毒力 B_{87} 株，接种 SPF 鸡胚或鸡胚成纤维细胞培养，收获感染鸡胚组织或细胞培养液，加适当稳定剂，经冷冻真空干燥制成。用于各品种健康雏鸡群的正常免疫接种，以预防鸡传染性法氏囊病。

2. 鸡传染性法氏囊病中等毒力耐热保护剂活疫苗 每羽份疫苗含鸡传染性法氏囊病病毒中等毒力 B_{87} 株 $\geqslant 10^{3}ELD_{50}$。用于预防鸡传染性法氏囊病。

3. 鸡传染性法氏囊病活疫苗（Ⅲ） 本品系用鸡传染性法氏囊病病毒（中等毒力 B_{87} 株、E_3 株、NF_8 株）分别接种 SPF 鸡胚，收获感染鸡胚，研磨，加适当稳定剂，经冷冻真空干燥制成。每羽份病毒含量为：B_{87} 株 $\geqslant 10^{5.2}$ ELD_{50}、E_3 株 $\geqslant 10^{4.8}$ ELD_{50}、NF_8 株 $\geqslant 10^{4.8}ELD_{50}$。用于预防雏鸡的传染性法氏囊病。

五、鸡痘疫苗

本品系用鸡痘鹌鹑化弱毒株接种 SPF 鸡胚或鸡胚成纤维细胞，收获病毒后，加适当稳定剂，经冷冻真空干燥制成。用于健康鸡群的正常免疫接种和紧急接种，以预防鸡痘。

六、鸡传染性喉气管炎活疫苗

本品系鸡传染性喉气管炎病毒弱毒 K_{317} 株接种 SPF 鸡胚培养，收获感染的鸡胚尿囊液和绒毛尿囊膜，加适当稳定剂，经冷冻真空干燥制成。用于预防鸡传染性喉气管炎。适用于 5 周龄以上的鸡。免疫持续期为 6 个月。

七、马立克病疫苗

1. 火鸡疱疹病毒苗（HVTFc－126） 本品系用火鸡疱疹病毒在鸡胚成纤维细胞上培养，收集感染细胞，经处理后加入适当稳定剂，冷冻干燥制成。雏鸡应在出壳后立即进行预防注射，注射前场地、鸡舍、工具应先清扫干净并彻底消毒。该疫苗需使用专用稀释液稀释，随用随稀释；稀释后的疫苗，周围应置有冰块，并避免日光照射，限在 1h 内全部用完，温度高或延长时间，影响效果。疫苗注射 14 天后产生免疫力，免疫期可持续 12 个月。－15℃以下保存，有效期为 1 年；0～4℃保存，有效期为 6 个月。

2. 鸡马立克病活疫苗（CVI 988/Rispens 株） 淡红色细胞悬液；每羽份疫苗中含鸡马立克病病毒 CVI 988/Rispens 株至少 2000PFU。1 日龄雏鸡肌内或皮下注射。将液氮中保存的疫苗取出，在 37℃水浴中融化后，立即转移到稀释液中，充分混匀后，每只鸡接种 1 羽份（0.2mL）。疫苗在液氮中保存，有效期为 18 个月；稀释液在 2～8℃保存，有效期为 24 个月。

3. 鸡马立克二价冷冻液氮苗（814＋HVTFc－126） 为淡红色细胞悬液。在液氮中保存，有效期为 1 年。用于鸡马立克病的预防，1 日龄接种后可终生免疫。从液氮中取出疫苗，立即放入 37℃温水中摇动，使疫苗迅速溶解。将要溶完时，立即取出。消毒瓶颈，开瓶后用消毒过的配有16～18号针头的注射器，从安瓿中吸出疫苗，按疫苗注明的头份注入专用的稀释液中，稀释疫苗。每只雏鸡皮下或肌内注射0.2mL（含1500PFU）。

八、鸡毒支原体活疫苗

本品系用鸡毒支原体（弱毒F株）接种适宜培养基培养，收获培养物，加适当稳定剂，经真空干燥制成。用于预防鸡毒支原体引起的禽类慢性呼吸道疾病。可用于1日龄鸡。免疫期为9个月。

九、鸡产蛋下降综合征灭活疫苗

本品系用腺病毒K_{127}接种易感鸭胚，收获感染的病毒液，灭活后与油佐剂混合乳化制成。适用于健康种鸡和蛋鸡群免疫接种，以预防鸡产蛋下降综合征。

十、鸡传染性鼻炎灭活疫苗

本品系用鸡副嗜血杆菌抗原经灭活后与油佐剂混合乳化制成。用于5周龄以上健康蛋鸡群及种鸡群的免疫接种，以预防鸡传染性鼻炎。

十一、禽脑脊髓炎灭活疫苗（AEV－NH_{937}株）

本品系用禽脑脊髓炎病毒AEV－NH_{937}株病毒接种易感鸡胚培养，收获感染鸡胚胚体、绒毛尿囊膜和鸡胚液，经甲醛溶液灭活后，加矿物油佐剂混合乳化制成。用于预防禽脑脊髓炎。用于接种16～18周龄种鸡和蛋鸡：接种后14d产生免疫力；免疫持续期为12个月；子代通过母源抗体获得被动保护力的免疫持续期为28d。也可用于无母源抗体的2d以上雏鸡主动免疫接种，免疫期为6个月。

十二、鸡大肠杆菌菌苗

1. 鸡大肠杆菌多价油乳剂灭活苗 本苗由国际标准菌株O_1K_1

株、O_2K_1 株、$O_{78}K_{80}$株及本地分离的有代表性的 5 株大肠杆菌制备，细菌灭活后，以优质白油乳化成一种乳白色油包水型菌苗。本苗保存于 4～8℃条件下，有效期为 1 年；保存在 20℃条件下，有效期为 6 个月；保存在 30℃条件下，有效期为 2 个月。在贮存和运输过程中，应避免日光照射，严防冻结。

用于预防鸡大肠杆菌病，保护率高，免疫期长，安全可靠。注射后 15d 产生坚强免疫力。肉用仔鸡在 20 日龄左右免疫 1 次，可在整个育肥期产生可靠的免疫力；蛋鸡和种鸡首免可使鸡群安全进入产蛋期，重复免疫 1 次，则能在整个产蛋期内提供可靠的免疫力，免疫期为 1 年。

商品肉鸡在 29 日龄左右免疫 1 次，颈部皮下注射，每只 0. 3mL。蛋鸡、种鸡在 30～60 日龄首免，肌内或颈部皮下注射，每只 0. 5mL；在产蛋前 20d 或 120 日龄时重复免疫 1 次，肌内或颈部皮下注射，每只 1mL。

用前和使用中应充分振摇均匀；用前使疫苗温度上升至舍温；疫苗有异物、脏物或破损现象时，不宜使用；应在瓶口开封后当日用完；使用疫苗前应了解鸡群健康状况，如有传染病会影响免疫效果。

2. 鸡大肠杆菌氢氧化铝灭活苗　本品静置后，上层为浅黄色澄明液体，下层为灰白色沉淀物，振摇后成为均匀混悬液。在 2～5℃条件下保存，有效期为 1 年；在 16～28℃条件下保存，有效期不超过 6 个月。

预防鸡大肠杆菌病，免疫期暂定为 4 个月。

1 月龄以上鸡每只颈背部皮下注射 0. 5mL。

本疫苗使用时必须振摇均匀；本疫苗是从不同地区分离的 O_{78}、O_{111}、O_2 等不同埃希大肠杆菌菌株生产的，对其他地区用苗前应做小群试验证实安全有效后方能使用。

十三、鸡传染性鼻炎油乳剂灭活苗

本品为乳白色均匀乳剂，呈油包水型，长时间静置后，上部有少量半透明油层（不超过 1/10），下层有微量水，但不应有严重分层与破乳现象。4～8℃条件下保存，有效期暂定为6个月；用GHPG－8菌株制备的有效期为12个月。

预防鸡传染性鼻炎，免疫期暂定为3个月。

60日龄以上的健康鸡，胸部或颈背部皮下注射0.5mL。

使用前先将疫苗回温至室温，并将疫苗混合均匀，注射器必须干净且无菌。不可于肌内或头部接种，不可在产蛋期、21日龄以内或屠宰前接种。接种部位可能产生局部肿胀现象，一段时间后会消失。

十四、联苗

1. 鸡新城疫、产蛋下降综合征、传染性支气管炎三联灭活疫苗 本品系用鸡新城疫弱毒株Lasota株、传染性支气管炎H_{120}株、IBN（肾型）分别接种易感鸡胚，腺病毒K_{127}接种易感鸭胚，收获感染的病毒液，灭活后与油佐剂混合乳化制成。适用于健康种鸡和蛋鸡群在开产前2～4周进行免疫接种，以预防鸡新城疫、产蛋下降综合征及呼吸型、肾型传染性支气管炎。种鸡40～42周龄加强免疫，利于雏鸡获得高水平母源抗体。

2. 鸡新城疫、传染性支气管炎、传染性法氏囊三联灭活疫苗 本品系用鸡新城疫病毒Lasota株、传染性支气管炎病毒M_{41}株接种鸡胚培养，鸡传染性法氏囊病毒HQ株接种鸡胚成纤维细胞培养，分别收集胚液和细胞液，超滤浓缩，经甲醛溶液灭活后，加入矿物油佐剂乳化，混合制成。用于预防鸡新城疫、传染性支气管炎、传染性法氏囊病。免疫期为4个月。

3. 鸡新城疫、产蛋下降综合征、传染性支气管炎、传染性法氏囊病四联灭活疫苗 本品系用鸡新城疫弱毒株Lasota株、传染性支气管炎H_{120}株、IBN（肾型）株、传染性法氏囊病中等毒力株B_{87}分别接种SPF鸡胚，腺病毒K_{127}接种易感鸭胚，收获感染的病毒液，灭活后与油佐剂混合乳化制成。适用于健康种鸡和蛋鸡群在开产前2～4周进行免疫接种，以预防鸡新城疫、产蛋下降综合征、呼吸型和肾型传染性支气管炎、传染性法氏囊病。种鸡40～42周龄加强免疫，利于雏鸡获得高水平母源抗体。

4. 鸡新城疫、传染性支气管炎弱毒株二联弱毒活疫苗（Clone30 + H_{120}） 本品系用鸡新城疫病毒克隆株 Clone30、传染性支气管炎弱毒株 H_{120} 接种 SPF 鸡胚，收获感染胚液，加适当稳定剂，经冷冻真空干燥制成。用于同时预防鸡新城疫、鸡传染性支气管炎，适用于各品种鸡群的正常免疫接种和紧急免疫接种。

5. 鸡新城疫、传染性支气管炎（H_{52}）二联活疫苗 本品系用鸡新城疫病毒弱毒（Lasota 系）株和鸡传染性支气管炎病毒弱毒 H_{52} 株分别接种 SPF 鸡胚培养，分别收获感染鸡胚液，加适当稳定剂，经冷冻真空干燥制成。供预防鸡新城疫和鸡传染性支气管炎。适用于 21 日龄以上鸡。

6. 鸡新城疫、传染性法氏囊病、传染性支气管炎三联四价活疫苗（Clone30 + IBD + H_{120} + IBN） 本品系用鸡新城疫克隆株 Clone30、传染性法氏囊病 B_{87} 株、传染性支气管炎弱毒株 H_{120}、肾型弱毒株 IBN 接种 SPF 鸡胚，收获感染组织及病毒液，加适当稳定剂，经冷冻真空干燥制成。该苗专用于 3 ~ 5 日龄健康雏鸡群的免疫接种，以同时预防鸡新城疫、传染性法氏囊病和呼吸型、肾型传染性支气管炎的早期感染。

7. 鸡传染性鼻炎和新城疫二联灭活苗 本品为乳白色乳状液体，呈油包水或水包油型。置于 4 ~ 8℃条件下，3 个月不出现分层和破乳现象。用 1mL 吸管在室温（20℃）下吸满 1mL 疫苗，令其垂直流出 0.4mL，时间应在 8s 内。

用于预防鸡传染性鼻炎和鸡新城疫。

21 ~ 24 日龄鸡注射 0.25mL，42 日龄以上鸡注射 0.5mL，均为颈部皮下注射，注苗后 2 ~ 3 周产生免疫力。免疫期一次注射为 3 ~ 5 个月；若 21 日龄首免，120 日龄再免，再免后免疫持续期 9 个月。

使用前一定要充分摇匀，且在注苗前一天从冰箱中取出放于室温下。注射部位用碘酊消毒。疫苗开封后，宜在当日用完，未用完的疫苗不能再次使用，以免污染。注苗前要观察鸡群的健康状态，出现异常的鸡切忌注射本疫苗。

第三节 规模化鸡场常用的免疫接种技术

免疫接种是预防传染病发生和流行的重要措施之一，因此及时给鸡进行免疫接种应引起广大养鸡生产者的重视。由于疫苗与菌苗的种类不同，对不同日龄的鸡群应选择适合于该鸡群的免疫接种法，常用的有以下几种：

一、点眼、滴鼻免疫

1. 适用范围 适用于各种日龄的鸡接种弱毒苗的免疫方法。使用时疫苗按瓶签注明羽份，用灭菌生理盐水或适宜稀释液稀释，用消毒过的玻璃滴管或专用滴瓶吸取稀释液，滴入小鸡眼内或鼻孔，每只鸡滴1～2滴。此种免疫方法在接种后5～7d产生免疫力。

2. 优缺点 这种方法接种密度高，免疫效果好。因为鸡的眼球后方有一个哈德尔腺，是鸡的一种重要的免疫器官，对于免疫功能还未健全的雏鸡进行点眼和滴鼻接种，可诱导雏鸡产生较好的局部黏膜免疫，能建立起病毒入侵鸡的第一道免疫屏障，避免早期感染疫病。用这种方法可使每只鸡接受同样剂量的疫苗，这样免疫水平较一致。但因为这种方法需人工捉鸡，费时、费人力，对鸡群的应激较大。因此，工作人员在操作时尽量减少应激，使鸡群相对安静，是提高免疫效果的因素之一。

3. 免疫方法 左手握住雏鸡，用左手食指与中指夹住雏鸡头部固定，使鸡头部平放，拇指和食指将鸡的眼睑打开；右手持吸有已稀释好疫苗的滴管，将疫苗液滴入鸡眼内一滴，同时滴入鼻孔一滴。在滴鼻时注意用中指堵住对侧的鼻孔。待眼内和鼻孔内疫苗吸入后方可松手，一般一滴的量为0.3～0.5mL。

4. 注意事项 ①疫苗的稀释液不能随意加入抗生素；②滴入时，把鸡的头颈提起，呈水平位置，用手堵住一侧鼻孔，然后将稀释疫苗液滴到眼和鼻内，稍停片刻，使疫苗液完全吸入鼻和眼内即可；③注意不要让疫苗液外溢，否则应补滴；④疫苗稀释液配好后应在2h内用完；⑤为减少应激，最好在晚上或光线稍暗的环境下接种；⑥防止出现漏防和重防；⑦点眼滴鼻免疫前后3d，严禁带鸡喷雾消毒；⑧免疫接种10d进行免疫效果检测，确定免疫效果。

二、饮水免疫

1. 适用范围　适合于各种日龄鸡的新城疫、传染性支气管炎、传染性喉气管炎、传染性法氏囊等活疫苗的免疫接种。接种时将疫苗混入鸡的饮用水中，使其通过鸡饮水获得免疫。

2. 优缺点　饮水免疫操作简单、省力，应激较小，适合大群鸡使用，但该法存在以下缺点：第一，该接种法不能产生局部黏膜免疫的效果，抗体效价不高，免疫期短。同时，在饮水过程中，因个体差异或密度等方面的原因，导致鸡饮服疫（菌）苗的量不同，会有相当一部分鸡的饮量不足，这样就影响到整群的免疫质量，使鸡群的免疫抗体水平参差不齐。第二，该方法需要对疫（菌）苗进行稀释。若稀释使用的水质不好，如硬水中含有多种矿物质、新鲜自来水中含有氯离子和其他消毒剂、河水被工业废水污染等，对疫（菌）苗的免疫效果影响极大。第三，饮水器不能用金属制品，金属离子对疫（菌）苗有杀伤作用，也会降低免疫质量。第四，天气对饮水免疫也有一定的影响。如鸡在冬季喝水量少，夏季喝水较多，为保证饮水免疫效果，要对鸡施行控制饮水。一般夏季停水时间短，以饮苗前2h为宜；冬季可提前3～4h停水。这样尽量使鸡能够饮到足够的疫（菌）苗，以保证免疫效果。

3. 免疫方法　饮水量应根据鸡龄的大小和季节而定，一般要求鸡在2h内饮完，疫苗稀释液总量（饮水总量）按照鸡群接种日的大致总耗水量的40%计算。一般1～2周龄8～10mL/只，3～4周龄15～20mL/只，9～10周龄40～50mL/只。

4. 注意事项　①用于稀释疫苗的水必须十分洁净，不得含有重金属离子和消毒剂，必要时可用蒸馏水；②饮水器具要十分洁净，不得残留消毒剂、铁锈、有机污染物；③为保证所有鸡在短期内饮到足够量的含疫苗水，鸡舍的饮水器具要充足，而且在服用疫苗前停止饮水2~4h（视天气及饲料等情况而定）；④用于饮水免疫的疫苗必须是高效价的，且使用剂量要加倍，为保证疫苗不被重金属离子和胃酸破坏，可在水中加入0.1%的脱脂奶粉；⑤饮水免疫前后2d内，在饮水和饲料中不能添加含有抗菌、抗病毒的药物成分。⑥待疫苗饮完后，停水30min，使嗉囊内的疫苗吸收后再加清水供饮用。

三、喷雾免疫

1. 适用范围 此方法是将疫苗稀释后通过气雾发生器，使稀释的疫苗液形成一定直径大小的雾化离子，均匀地悬浮于空气中。鸡在呼吸过程中，将疫苗吸入气管、支气管、肺及气囊内，并在喉头气管、支气管黏膜表面产生局部免疫，建立第一道免疫屏障，从而有效地防止及减少病原体从呼吸道侵入。该法适用于各种日龄鸡新城疫、传染性支气管炎等疫苗的免疫。

2. 优缺点 喷雾免疫接种省时省力，产生免疫效果较好，但其操作要求较高，免疫反应大，易导致呼吸道病发生。

3. 免疫方法及注意事项 ①严格控制雾滴的大小，雏鸡用雾滴的直径为30~50μm，成鸡为5~10μm。②气雾前应对气雾机的各种性能进行测试，以确定雾滴的大小、稀释液用量、喷口与鸡群的距离（高度）、操作人员的行进速度等，以便在实施时参照进行。③气雾免疫省时省力，但需用疫苗量大，应选择高效价的疫苗。④气雾前后几天内，应在饲料或饮水中添加适当的抗菌药物，预防慢性呼吸道病的暴发。⑤疫苗的稀释应用去离子水或蒸馏水，不得用自来水、开水或井水，否则会造成喷头口的堵塞。⑥稀释液中应加入0.1%的脱脂乳或3%~5%甘油。⑦稀释液的用量因气雾机及鸡群的平养、笼养密度而异，应严格按说明书推荐用量使用。⑧气雾期间，应关闭鸡舍所有门窗，尽量减少空气的流通，停止使用风扇或抽气机，喷雾时在鸡体上方0.5m左右向上喷雾，使气雾粒子在鸡体上方形成雾层，缓缓降落，雾层的厚度要求1m，这样在缓慢降落时，鸡在1m厚的雾区内，通过呼吸把疫苗吸入呼吸道而使之产生免疫力；在停止喷雾疫苗20~30min后，才可开启门窗和启动风扇（视室温而定）。⑨鸡舍内的相对湿度对气雾免疫也有影响，一般要求相对湿度在70%左右最为合适。

但气雾也容易引起鸡群的应激，尤其容易激发慢性呼吸道病，故在鸡群发生呼吸道疾病时应避免使用气雾免疫。另外，气雾免疫时为减少鸡的应激，应在晚上光线较弱时进行。

四、肌内注射免疫

1. 适用范围 适合于各种日龄灭活苗及新城疫、禽霍乱等疫苗的免疫。

2. 优缺点 肌内注射免疫接种的剂量准确，可刺激机体产生较高效价的循环抗体，而且抗体在体内维持时间较长，抗体水平高，免疫效果确实，但耗费劳力较多，应激较大。

3. 免疫方法 肌内注射的部位常选胸肌、腿肌、臂头肌等肌肉发达的部位。实践中观察认为注射于臂头肌为好。

（1）胸肌处注射：一人保定，使鸡的胸部朝上，操作人员持注射器成15°~30°角插入胸肌0.5cm左右。

（2）腿肌处注射：操作人员左手抓住鸡的腿部，将鸡腿拉出笼外，右手持注射器与腿肌成30°角插入腿外侧肌肉0.3cm左右注射。

（3）臂头肌处注射：一人保定，抓住鸡的翅膀，使臂头肌裸露，操作人员持注射器与肌肉表面成35°~45°角插入臂头肌0.5cm左右注射。

4. 注意事项 ①疫苗稀释液应是经消毒而无菌的，一般不要随便加入抗菌药物。②疫苗的稀释和注射量应适当，量太小则操作时误差较大，量太大则操作麻烦，一般以每只0.2~1mL为宜，应根据鸡的大小，灵活调整。③使用连续注射器注射时，应经常核对注射器刻度容量和实际容量之间的误差，以免实际注射量偏差太大。④注射部位一般选在胸肌、腿肌、臂头肌等肌肉发达的部位，根据鸡体大小，配合适宜的针头长度，避免针头过长伤及鸡的内脏、血管及神经。⑤肌内注射接种应注意接种部位和针头的消毒。接种部位皮肤可用碘酊或75%乙醇消毒，待干后即可将针刺入。由于注射器针头也是一种重要的感染途径，因此应做好针头的消毒，应做到一只鸡一个针头。用过的针头及时消毒。⑥在注射过程中，应边注射边摇动疫苗瓶，力求疫苗的均匀，尤其蜂胶类混悬液疫苗。⑦在未采用紧急免疫接种过程中，应先注射健康群，再接种假定健康群，最后接种有病的鸡群。⑧在将疫苗液推入后，针头应慢慢拔出，以免疫苗液漏出。

五、皮下注射免疫

1. 适用范围 适用于1日龄马立克疫苗和雏鸡各种灭活疫苗的接种。

2. 优缺点 每只鸡获得的疫苗量相对恒定，产生免疫效果确切；缺点是费时费力，雏鸡在颈部皮下接种灭活疫苗，会引起鸡的头颈及肉髯肿胀。

3. 免疫方法 接种部位在颈部皮下。接种量为0.2mL左右。在颈部皮下注射时，针头插入的方向和深度应适当，针头方向应向后向下，针头方向与颈部纵轴基本平行。

4. 注意事项 ①注射器具及针头严格消毒。②注射部位应在颈部下1/3处。③严格控制注射剂量，特别是灭活疫苗。④注射时将皮肤提起，防止损失脊髓。⑤颈部皮下注射灭活疫苗时，疫苗一定要预温，防止出现冷应激，导致局部肿胀。⑥注射疫苗后，适当使用抗生素，防止局部感染。

六、刺种免疫

1. 适用范围 此法常用于接种鸡痘活疫苗的接种。

2. 优缺点 每只鸡获得的疫苗量恒定，免疫效果确切；缺点是费时费力，劳动强度较大。

3. 免疫方法 按瓶签注明羽份，用生理盐水稀释，用刺种针或钢笔尖蘸取稀释的疫苗，于鸡翅膀内侧三角区无血管处的翼膜刺种。20～30日龄的雏鸡刺种1针，30日龄以上的鸡刺种2针。接种后4～7d应检查刺种部位是否出现轻微红肿、结痂，如出现说明免疫正常，如不出现以上情况，应及时补种。

4. 注意事项 ①接种部位在鸡翅内侧无血管区刺种。②刺种针要严格消毒，且刺种针口朝上。③刺种后3d局部出现红肿，5～7d形成结痂，说明接种成功，否则需要重新免疫。④刺种后所剩疫苗及空疫苗瓶、用具及器皿要严格消毒，防止扩散病原。

七、涂肛免疫

1. 适用范围 此法一般用于鸡传染性喉气管炎病疫苗的接种。

2. 优缺点 采用该法鸡的免疫反应小，免疫效果确切；缺点是每只鸡接种的疫苗量不恒定，方法较烦琐，费时费力。

3. 免疫方法 接种时将疫苗按瓶签标明剂量用生理盐水稀释、摇匀。助手将鸡倒提，手压鸡腹，使肛门黏膜翻出，用接种刷或棉签蘸取疫苗涂刷泄殖腔，刷擦肛门黏膜，使黏膜发红为止。隔2～3d检查鸡的肛门，如果出现红肿，甚至外翻卷，说明免疫接种有效，否则应及时补免。

4. 注意事项 ①用完的疫苗瓶要严格消毒处理。②涂肛免疫时，疫苗不要接触皮肤。③传染性喉气管炎采用涂肛免疫最好在1d内完成，否则易出现排毒，导致未免疫鸡群感染。

第四节 规模化鸡场常用的免疫程序

一、鸡免疫程序的制定原则

根据当地实际情况，疫苗的免疫特性，制定出要防疫的疾病的种类，预防免疫接种的次数、间隔时间和接种途径，这一计划称为免疫程序。免疫程序的制定是鸡传染病防疫工作中最为重要的一环。免疫程序没有统一使用的，因为各地区、各养鸡场具体情况不同。制定免疫程序的目的是进行有计划的科学免疫以预防传染病的发生。在制定免疫程序时，应着重考虑下列因素。

1. 本地（场）的鸡病疫情史 免疫接种的种类，应根据当地鸡病史及目前仍有威胁的主要传染病种类而定。对本地本场尚未证实发生的疾病，必须证明确实已受到严重威胁时才能计划接种，对强毒型的疫苗更应非常慎重，非不得以不引进使用。如果使用弱毒疫（菌）苗后，该场舍即受到污染，那么在以后的免疫程序中就必须显示，并严格执行免疫，否则就有发生该病的可能。

2. 所养鸡的用途及饲养期 种鸡在开产前需要接种传染性法氏囊病油乳剂疫苗，而商品鸡则不必要。预防免疫接种的次数与间隔时间，根据鸡日龄的大小、疫（菌）苗的性质与类型等来决定。如鸡日龄小的一般采用弱毒活疫（菌）苗，这是因为鸡体的免疫功能不健全，只能产生黏膜表面的局部免疫。这种免疫抗体水平较低，而且在机体内很短时间就会逐渐降低至消失，不能较长时间地抵抗病原体的入侵，这种现象也称免疫期较短。如鸡新城疫Ⅳ系（Lasota）苗，给鸡接种后免疫期为 3 ~4 个月。因此，如果单用这种苗给鸡进行饮水免疫，就需 2 ~3 个月免疫 1 次，有的场（户）1 个月给饮水免疫 1 次，这样不仅起不到良好的免疫效果，反而使该病毒对该苗产生不同程度的抵抗力，这样盲目频繁地使用疫苗，给鸡群也带来了应激反应。

3. 不同疫苗之间的干扰和接种时间的科学安排 不同疫苗之间有相互干扰现象，如新城疫疫苗与传染性支气管炎疫苗合用时易产生干扰现象，从而影响免疫效果，因此严禁个人将两种疫苗混合使用（正规生产厂家生产的新支二联活苗经试验以科学比例配制，将两个苗之间的干扰现象减少到很低，不影响免疫效果，养殖户可放心使用）；传染性法氏囊疫苗影响新城疫等疫苗免疫，因此两种疫苗应间隔 5 ~7d 时间，否则会影响新城疫疫苗免疫效果；新城疫疫苗免疫后可产生干扰素，会影响痘病毒复制，因此新城疫疫苗不能和鸡痘苗同时使用。

4. 疫苗选择 所用疫苗毒（菌）株的血清型、亚型或株的选择；疫苗剂型的选择，例如，活苗或灭活苗、湿苗或冻干苗，细胞结合型和非细胞结合疫苗之间的选择等。

5. 根据免疫监测结果及突发疾病的发生所做的必要修改和补充等 在执行免疫程序进行免疫接种过程中，也会出现免疫效果差，以致有的免疫失败。若出现免疫质量差，或有疫情出现时，应及时采取相应的紧急接种，适时调整该免疫程序。比如，对鸡新城疫的免疫接种，一般免疫程序上制定的首免时间是7～10日龄，加强免疫时间是21～28日龄。但是在实际生产中有时还不到第二次免疫时间，鸡群发生了新城疫疫病，这时就不能等到第二次接种时间再进行免疫，应立即进行紧急接种。有的疫病季节性较强，如禽痘、禽流感等，应在该病易发之前1个月左右进行免疫。这样做可适当减少接种的次数，减少对鸡群的应激，避免了每7d就接种一种或多种疫苗。

制定免疫程序时要把弱毒苗和油乳剂或其他灭活苗结合起来进行，弱毒苗一般采用点眼滴鼻、饮水或气雾的方法接种，产生局部抗体。之后用油乳剂或加其他佐剂的灭活苗做肌内注射，这样使机体产生循环抗体，这种循环抗体水平可达10个滴度左右。这样局部免疫抗体和循环抗体结合起来，就可使机体产生坚强的免疫力。种鸡免疫后其后代在一定的时间内有母源抗体存在，母源抗体对免疫效果会有不同程度的干扰。

总之，各个国家和地区由于疫病种类、鸡品种、养殖水平和兽医水平的差异，免疫程序也存在很大差异。制定免疫程序，必须根据当地疫病流行的实际情况，结合各种疫苗的特性，合理地制定防疫疾病的种类，预防接种的次数，间隔时间和接种途径。

二、鸡场常用的免疫程序

1. 商品蛋鸡免疫程序　见表3.1（仅供参考）。

表3.1　商品蛋鸡免疫程序

日龄	疫苗种类	剂量	免疫方法
1	马立克疫苗	1羽份	颈部皮下注射
3	肾型传支弱毒苗	1羽份	点眼、滴鼻
7	新－支 H_{120} 二联苗	1羽份	点眼、滴鼻
14	传染性法氏囊病弱毒苗	1羽份	滴鼻或饮水

续表

日龄	疫苗种类	剂量	免疫方法
20	新城疫弱毒苗	1 羽份	饮水、点眼
	新－支－肾传支三联油苗	0.3 羽份	皮下注射
24	传染性法氏囊病弱毒苗	2 羽份	饮水
28	鸡痘弱毒苗	1 羽份	刺种
35	新－支 H_{52} 二联苗	1 羽份	饮水
42	传染性喉气管炎疫苗	1 羽份	皮下注射
60	传染性脑脊髓炎苗	1 羽份	饮水
75	新城疫Ⅰ系	1 羽份	皮下注射
90	新城疫Ⅳ系	2 羽份	饮水
100	大肠杆菌灭活苗	1 羽份	皮下注射
110	传染性鼻炎油苗	1 羽份	皮下注射
120	新－支－减三联油苗	1 羽份	皮下注射
300	新城疫Ⅳ系	3 羽份	饮水

2. 肉用仔鸡免疫程序 见表 3.2（仅供参考）。

表 3.2 肉用仔鸡免疫程序

日龄	疫苗种类	剂量	免疫方法
3～5	新－支 H_{120} 二联苗	0.5 羽份	点眼、滴鼻
	新城疫油苗	0.25 羽份	颈部皮下注射
5～8	大肠杆菌灭活苗	1 羽份	皮下注射
10	传染性法氏囊病弱毒苗	0.3 羽份	滴口或饮水
18	传染性法氏囊病中毒苗	2 羽份	饮水
23	新－支 H_{120} 二联苗	2 羽份	饮水

3. 肉种鸡免疫程序 见表 3.3（仅供参考）。

表 3.3　肉种鸡免疫程序

日龄	疫苗种类	剂量	免疫方法
1	马立克 CVI_{988}	按瓶签注明的羽份 0.2 毫升	颈部皮下注射
3	新城疫Ⅳ系＋传染性支气管炎 H_{120} 冻干苗	0.25 羽份	点眼、滴鼻
5～7	病毒性关节炎冻干苗	1 羽份	皮下或肌内注射
9～10	新城疫Ⅳ系＋传染性支气管炎 H_{120} 冻干苗或新支二联油苗	1 羽份	点眼、滴鼻或皮下注射
15～18	传染性法氏囊 CH/80 冻干苗		饮水
25	禽痘冻干苗		刺种
30～35	传染性喉气管炎冻干苗和禽流感油乳剂		点眼或擦肛或肌内注射
40～45	新支二联冻干苗和新支二联油苗		点眼或滴鼻或肌内注射
75～85	禽脑脊髓炎冻干苗		饮水或刺种
80～90	传染性喉气管炎冻干苗		点眼或擦肛
100～130	新城疫－法氏囊二联油苗		皮下注射
130～140	禽流感油乳剂灭活苗		皮下或肌内注射
160	新支二联弱毒苗或新支减三联油苗病毒性关节炎		点眼、肌内注射皮下或肌内注射
200～220	新流二联油苗		肌内注射

注：以上免疫接种所用疫苗的量可按说明或稍加调整。

以上免疫程序仅供参考。若在施行中出现了免疫失败，出现了新的疫病时，即可采取应急措施，再次或紧急接种。有些疫病季节性比较强，如禽痘、鸡瘟是病毒性传染病，主要侵害幼鸡，以夏季和秋季多流行，主要传播媒介是蚊子类吸血昆虫。因此，若秋季 11 月以后养雏鸡，这时天气已经渐凉，蚊虫也没有了，可到第二年的 4 月进行禽痘接种。但经常有禽痘发生的地区或鸡场，则需认真地按照免疫程序进行。

三、免疫失败的原因

疫苗接种是预防传染病的有效方法之一，但是免疫接种能否获得成功，不但取决于接种时疫苗的质量、接种途径和免疫程序等外部条件，还取决于机体的免疫应答能力这一内部因素。接种疫苗后的机体免疫应答是一个极其复杂的生物学过程，许多内外环境因素都影响机体免疫力的产生、维持和终止。所以，接种过疫苗的鸡群不一定都能产生坚强的免疫力。近年来，一些免疫鸡群常暴发传染病，给养鸡生产造成了较大的损失。

1. 导致免疫失败的因素

（1）疫苗方面的原因。

1）疫苗质量不佳。疫苗质量是免疫成败的关键因素。疫苗的免疫原性差、污染了强毒、过期失效等都会影响疫苗的免疫效果。如果用于生产疫苗的鸡胚或细胞带有病原体，如支原体、禽腺病毒等都会影响疫苗的免疫效果，甚至还会传播疾病。

疫苗因运输、保存过程中温度过高或反复冻融会影响效价。疫苗取出后在免疫接种前受到日光的直接照射，或取出时间过长，或疫苗稀释后未在规定时间内用完，影响疫苗的效价甚至失效。

2）疫苗选择不当。某些鸡场忽视雏鸡免疫系统不健全、抵抗力相对较弱的特点，首次免疫选用一些毒力较强的疫苗，如选择中等偏强毒力的传染性法氏囊病疫苗、新城疫Ⅰ系疫苗免疫，这不仅起不到免疫的作用，相反还会诱导鸡群发病，造成病毒毒力增强和病毒扩散。

3）疫苗间干扰作用。将两种或两种以上抗原同时免疫接种时，有时抗原间会产生相互干扰或抑制，机体对其中一种抗原的抗体应答显著降低，从而影响这些疫苗的免疫效果，如新城疫和传染性支气管炎、新城疫和传染性法氏囊病等。

4）疫苗稀释。疫苗稀释液未经消毒或受到污染而将杂质带进疫苗，或随疫苗提供的专用稀释液存在质量问题。饮水免疫时，饮水器未清洗、消毒，或饮水器中含消毒药等都会造成免疫不理想或免疫失败。

5）疫苗血清型和流行毒株血清型有差异。同种传染病在临床上可能有多种疫苗选择性（毒株、厂家等）。许多病原微生物有多个血清型，甚至有多个血清亚型，鸡场感染的病原微生物与使用的疫苗毒株在抗原上可能存在较大差异或不属于一个血清（亚）型，从而导致免疫失败。

在不同日龄对同一种疫病预防时，若疫苗选择不当，常会导致免疫应答水平较低、无效，甚至出现严重的疫苗反应。如雏鸡首次免疫新城疫时，如果选择Ⅰ系苗，不仅起不到免疫作用，还会引起鸡群发病。

（2）机体状况。

1）遗传因素。动物机体对接种抗原有免疫应答，在一定程度上是受遗传控制的，鸡的品种繁多，免疫应答各有差异，即使同一品种不同个体的鸡，对同一疫苗的免疫反应强弱也不一致。有的鸡只甚至有先天性免疫缺陷，从而导致免疫失败。

2）母源抗体干扰。由于种鸡个体免疫应答差异以及不同批次雏鸡群不一定来自同一种鸡群等原因，造成雏鸡母源抗体水平参差不齐。如果所有雏鸡固定同一日龄进行接种，若母源抗体过高反而干扰了后天免疫，不产生应有的免疫应答。即使同一鸡群不同个体之间母源抗体程度也不一致，母源抗体干扰疫苗在体内的复制，从而影响免疫效果。

3）感染疫病。在进行疫苗预防时，有一部分鸡已经感染了某些病原体而处于潜伏期，此时免疫接种可激发鸡群在短时间内发病。某些免疫抑制病如马立克病、禽淋巴白血病、传染性法氏囊病、传染性贫血和球虫病等能损害鸡的免疫器官法氏囊、胸腺、脾脏、哈德氏腺、盲肠扁桃体、肠道淋巴样组织等，导致免疫抑制，从而降低了鸡群对疫苗的反应性和增加了机体对病原体的感受性，引发免疫失败。

野毒早期感染或强毒株感染，鸡体接种疫苗后需要一定时间才能产生免疫力，而这段时间恰恰是一个潜在的危险期，一旦有野毒入侵或机体尚未完全产生抗体之前感染强毒，就会导致疾病的发生，造成免疫失败。

4）营养因素。维生素及许多其他养分都对鸡免疫力有显著影响。营养缺乏，特别是维生素A、维生素D、B族维生素、维生素E和多种微量元素及全价蛋白质缺乏时能影响机体对抗原的免疫应答，免疫反应明显受到抑制。有试验表明，雏鸡断水、断食48h，法氏囊、胸腺和脾脏重量明显下降，脾脏内淋巴细胞数减少，网状内皮系统细菌清除率降低，即机体免疫能力下降。

（3）饲养管理及环境因素。

1）饲养管理不当。消毒卫生制度不健全，鸡舍及周围环境中存在大量的病原微生物，在使用疫苗期间鸡群已受到病毒或细菌的感染，这些都会影响疫苗的效果，导致免疫失败。饲喂霉变的饲料或垫料发霉，霉菌毒素能使胸腺、法氏囊萎缩，毒害巨噬细胞而使其不能吞噬病原微生物，从而引起严重的免疫抑制。

2）应激因素。动物机体的免疫功能在一定程度上受到神经、体液和内分泌的调节，在环境过冷过热、湿度过大、通风不良、拥挤、饲料突然改变、运输、转群等应激因素的影响下，机体肾上腺皮质激素分泌增加。肾上腺皮质激素能显著损伤T淋巴细胞，对巨噬细胞也有抑制作用，增加IgG的分解代谢。所以，当鸡群处于应激反应敏感期时接种疫苗，就会降低鸡自身的免疫能力，影响免疫效果。

3）环境中化学物质的影响。许多重金属（铅、镉、汞、砷）均可抑制免疫应答而导致免疫失败；某些化学物质（卤化苯、卤素、农药）可引起鸡免疫系统部分组织甚至全部组织萎缩，以及活性细胞的破坏，进而引起免疫失败。

（4）其他因素。

1）免疫程序不合理。鸡场应根据当地鸡病流行规律和本场实际，制定出适合本场的免疫程序。特别在疫区，盲目搬用别人的免疫程序往往会导致免疫失败。

2）免疫方法不当。滴鼻、点眼免疫时，疫苗未能进入眼内、鼻腔内；肌内注射免疫时，出现“飞针”，疫苗根本没有注射进去或注入的疫苗从注射孔流出；饮水免疫时，免疫前未限水或饮水器内加水量太多，使配制的疫苗未能在规定时间内饮完而影响剂量。

3）器械和用具消毒不严。免疫接种时不按要求消毒注射器、针头、刺种针及饮水器等，使免疫接种成了带毒传播，反而引发疫病流行。

4）滥用药物。许多药物如卡那霉素、氟苯尼考、氯霉素等有一定免疫抑制作用，能影响疫苗的免疫应答反应。有的鸡场在免疫接种期间使用抗菌药物或药物性饲料添加剂，从而导致机体免疫细胞的减少，影响机体的免疫应答反应。

5）强毒株、超强毒株或变异毒株的出现。病原体在免疫压力下处于不断进化的过程，以至于经常出现新强毒株、超强毒株或变异毒株，所以，正常免疫的鸡场会出现突然发病、免疫失败的情况。

2. 采取的主要对策

（1）正确选择和使用疫苗：选择国家定点生产厂家生产的优质疫苗，到经兽医部门批准经营生物制品的专营商店购买。免疫接种前对使用的疫苗逐瓶检查，注意瓶子有无破损、封口是否严密、瓶内是否真空和有效期，有一项不合格就不能使用。疫苗种类多，选用时应考虑当地疫情、毒株特点。

（2）制定合理的免疫程序：根据本地区或本场疫病流行情况和规律，鸡群的病史、品种、日龄、母源抗体水平和饲养管理条件，以及疫苗的种类、性质等因素制定出合理科学的免疫程序，并视具体情况进行调整。

（3）采用正确的免疫操作方法：选择正确的免疫接种方法直接关系到免疫应答的效果和成败，因此，必须严格按照每种疫苗说明书上的操作规范进行接种。

四、免疫效果的检查方法

免疫接种是控制和预防传染性鸡病的有效手段，接种疫苗后，机体的免疫细胞被激活产生相应的保护性抗体，从而具有抵抗相关病原体、降低传染性病原感染的能力。然而由于免疫接种程序和受种者的个体差异等诸多因素都可能影响疫苗的接种效果。所以及时了解常规疫苗接种后保护性抗体产生的水平，就很有必要进行疫苗抗体水平检测，确保疫苗接种效果，真正达到免疫接种预防疾病的目的。

免疫效果监测工作是免疫预防工作的重要组成部分，主要是根据血清学原理，对鸡体内抗体水平进行监测，并运用到生产实践中去，科学地指导制订对鸡群进行适时免疫的计划，对疫病的预防有着积极的作用。规模化鸡场常用的抗体监测方法有鸡红细胞凝集－凝集抑制试验，主要用于鸡新城疫、禽流感、鸡减蛋综合征病毒等的临床诊断与抗体监测。血清或全血平板凝集试验，对鸡白痢、鸡支原体等病进行快速诊断检测，有利于鸡群的净化，是减少、消灭经卵传播疫病的主要实施手段。琼脂扩散试验常用于鸡传染性法氏囊炎、鸡马立克病、鸡病毒性关节炎、鸡传染性喉气管炎、禽痘等病的诊断和抗体检测。

1. 鸡红细胞血凝－血凝抑制试验 用于新城疫、禽流感、减蛋综合征等病的流行病学调查和相应疫苗的抗体检测。如当某地（场）鸡群发生疫病的初期，临床诊断不明显、用药效果不好、死亡较多或影响产蛋等，怀疑是鸡新城疫时，应立即采集该鸡群鸡只的血样，进行红细胞凝集试验，如果凝集结果是阴性，说明不是新城疫；若有凝集现象，达到了4个滴度以上，即说明该鸡群可能感染了鸡新城疫，可通过血凝抑制试验，即用新城疫阳性血清检测对凝集现象是否有阻断作用，来判断是否感染了鸡新城疫。这是流行初期，应立即采取鸡新城疫疫苗紧急接种，可用Ⅳ系（Lasota株）饮水或点眼滴鼻，同时接种油乳剂苗（肌内注射）。这样可使鸡很快产生黏膜局部免疫，并且有较长时间的循环抗体存在，这种一快一慢、一短一长的免疫效果，有利于鸡群的健康生长。

下面以鸡新城疫为例，说明血凝－血凝抑制试验检测鸡群新城疫疫苗免疫后抗体水平的操作方法。

（1）试验材料的准备。

1）抗原：含新城疫Lasota株尿囊液或新城疫Lasota活疫苗。

被检血清：将被检鸡群编号登记，可用孔径2～3mm塑料管由翅静脉采血，在室温静置或离心，待血清析出后使用。或直接将静脉血导入1.5mL塑料离心管，经3 000r/min离心5min，析出血清可使用。

2）稀释液：灭菌的生理盐水或磷酸缓冲液。按每100mL蒸馏水加入0.85g氯化钠，彻底溶解后，调整pH值7.0，过滤、装瓶、高压（121℃、30min），待冷却后即为生理盐水。

pH 值 7.0 磷酸缓冲液的配制：称取氯化钠 8g，氯化钾 0.2g，磷酸氢二钠 1.56g，磷酸二氢钾 0.2g，溶于 1 000mL 蒸馏水中，混匀即可。经高压灭菌后即可使用。

3）1%红细胞悬浮液的制备：用灭菌过的注射器吸取 3%～5%灭菌柠檬酸钠 0.5mL，从鸡翅静脉或心脏采血 3～5mL，迅速将柠檬酸钠与血液混匀，注入离心管内，加生理盐水或磷酸缓冲液混匀［如当时不用，可直接采血放入红细胞保存液内（保存液 2 份，血液 1 份）于 4℃冰箱可保存两周］。经 3 000r/min 离心 5min，用吸管吸去上清液和红细胞上层的白细胞薄膜，将沉淀的红细胞加生理盐水洗涤。再离心 10min，弃去上清液，再加稀释液洗涤。如此反复三次，最后一次离心后沉淀于离心管底的红细胞即为血球泥，用刻度吸管吸取血球泥 1mL，加生理盐水或磷酸缓冲液稀释至 100mL，即为 1%鸡红细胞悬浮液。采鸡血时最好选用 3 只没有接种过鸡新城疫疫苗的 3 月龄的小公鸡的混合血。若没有未免疫鸡，可选用免疫后时间较长的鸡的血液。采血的量根据检测的量而定。

4）所用仪器：微量加样器、96 孔 V 形塑料板、离心机等。

（2）操作程序。

1）红细胞凝集试验：主要是测定病毒的红细胞凝集价，以确定红细胞凝集抑制试验所用的病毒的稀释倍数（抗原单位）。

A. 操作：①首先用移液器向 96 孔 V 形塑料板每个孔内加入稀释液 50μL。②用倍比稀释法稀释病毒抗原：用微量移液器取病毒抗原 50μL，加入第 1 孔。反复抽动 4 次，吸出 50μL 加入第 2 孔。在第 2 孔反复抽动后，吸出 50μL 加入第 3 孔。如此连续稀释直至第 11 孔吸出 50μL 弃去。第 12 孔不加病毒液，为红细胞空白对照。③再用微量移液器，每孔加 1%红细胞悬浮液 50μL。④在振荡器上振荡混匀 1～2min，室温下放置 20～30min 后观察结果。⑤每次测定样品都应同时做红细胞空白对照（表 3.4）。

表 3.4 红细胞凝集试验

孔号	1	2	3	4	5	6	7	8	9	10	11	12
待检血清稀释度	1∶2	1∶4	1∶8	1∶16	1∶32	1∶64	1∶128	1∶256	1∶512	1∶1 024	抗原对照	红细胞对照
稀释液	50	50	50	50	50	50	50	50	50	50	50	50
病毒液	50	50	50	50	50	50	50	50	50	50	弃去	
1%红细胞悬液（μL）	50	50	50	50	50	50	50	50	50	50	50	50
作用时间与温度	振荡器振荡 1 ~ 2 min，18 ~ 25℃静置 20 ~ 30 min											

B. 结果观察：将反应板倾斜 45°角，沉于管底的红细胞沿着倾斜面向下呈线状流动者为沉淀，表明红细胞未被或不完全被病毒凝集；如果孔底的红细胞铺平孔底，凝成均匀薄层，倾斜后红细胞不流动，说明红细胞被病毒所凝集。

C. 凝集价：即病毒出现凝集的最大稀释倍数。如上例病毒液的血凝效价为 1∶256。血凝抑制试验时，病毒抗原液为 50μL 须含 4 个凝集单位，则应将原病毒液做成 256/4 = 64 倍的稀释，即 1mL 抗原加 64mL 稀释液。

2）红细胞凝集抑制试验：使用 4 单位凝集价的病毒液测定待检鸡只血清中的抗体滴度。

A. 操作：①用移液器向每孔加 25μL 稀释液至第 11 孔。②倍比稀释被检血清（或高免卵黄）：用移液器吸去被检血清 25μL 注入第 1 孔，抽动 4 次后，吸出 25μL，注入第 2 孔，如此连续稀释至第 10 孔，并从第 10 孔吸出 25μL 弃去，血清稀释倍数一次为（1∶2）~（1∶1 024），第 11 孔和第 12 孔分别为抗原对照和红细胞对照。③每孔再加 4 单位病毒液 25μL 至第 11 孔。④置振荡器上振荡 1 ~ 2min，室温静置 20min。⑤每孔再加 1% 红细胞悬浮液 25μL，放振荡器上振荡 1 ~ 2min，室温下放置 20 ~ 30min 后判定结果（表 3.5）。

表 3.5　红细胞凝集抑制试验

孔号	1	2	3	4	5	6	7	8	9	10	11	12
待检血清稀释度	1∶2	1∶4	1∶8	1∶16	1∶32	1∶64	1∶128	1∶256	1∶512	1∶1 024	抗原对照	红细胞对照
稀释液待检血清	25 25	25 25	25 25	25 25	25 25	25 25	25 25	25 25	25 25	25 25	25 弃去	25
病毒液	25	25	25	25	25	25	25	25	25	25	25	25
作用时间与温度	振荡器振荡 1～2 min，18～25℃静置 20～30 min											
1%红细胞悬液	25	25	25	25	25	25	25	25	25	25	25	25
作用时间与温度	振荡器振荡 1～2 min，18～25℃静置 20～30 min											

B. 结果观察：能将 4 单位病毒液凝集红细胞的作用完全抑制的血清最高稀释倍数，称为该血清的红细胞凝集抑制效价。用被检血清的稀释倍数或以 2 为底的对数（log2）表示。如上例，该血清的红细胞凝集效价为 1∶64 或血凝抑制效价为 6（log2）。第 11 孔为抗原凝集对照孔，第 12 孔为红细胞不凝集对照孔。

（3）结果分析如下：

1）一般认为鸡的免疫临界水平为 1∶32（成年）或 1∶64（雏鸡），但随地区不同而有差异。

2）鸡血清的血凝抑制抗体全效价高于 1∶64 时可适当推迟新城疫免疫的时间，血凝抑制抗体效价在 1∶16 以下，须马上进行新城疫疫苗接种，在新城疫流行的地区或鸡场，鸡的免疫临界水平应再提高。

3）鸡群的血凝抑制抗体水平是以抽样样品的血凝抑制抗体效价的平均值表示的。

如果某鸡群的 10 份样品中，血凝抑制抗体效价（log2）为 8 的有 3 份样品，为 7 的有 5 份样品，为 6 的有 2 份样品，它们的平均值为

$$(8\times3+7\times5+6\times2)\div10=7.1$$

平均值在6（log2）以上，说明鸡群为免疫鸡群。若在检样中血凝抑制抗体效价的最高值与最低值相差太大时，则不能用上法计算平均水平，应根据临界水平以下的样品数在全部样品中所占的百分比决定免疫与否。

4）大型养鸡场，每次进行抽检时，抽检率一般不低于0.1%；小型鸡群，抽样率应有所增加，一般认为理想的抽样率为2%。

5）鸡群接种新城疫疫苗后，经2～3周测定血清中的血凝抑制抗体效价，若提高2个滴度以上，表示鸡的免疫应答良好，疫苗接种成功；若血凝抑制抗体效价无明显提高，表示免疫失败。

2. 全血平板凝集试验 是一种常用的血清学检测方法。常用于种鸡场净化鸡白痢病、慢性呼吸道病、禽伤寒等的检测。以鸡白痢为代表说明该试验的操作方法。

（1）试验材料：鸡白痢平板凝集抗原（蓝紫色颗粒悬浮液）、无色平面玻璃板及采血针头、待检鸡群、酒精灯、酒精棉球、脱脂棉、小滴管、牙签（混匀血液和凝集抗原用）等。

（2）操作方法：将无色透明的平面玻璃板用脱脂棉擦净，要求无尘无油。然后用滴管取一滴鸡白痢平板凝集抗原（30～50μL），用时先摇匀，垂直滴于玻璃板上。取待检鸡翼静脉血30～50μL迅速与玻璃板上的抗原混匀，夏季温度高时，在0.5～1min即可出现结果，温度低时可待2～3min出现结果。如果鸡舍光线不好，或冬季温度过低，可在玻璃板下方放置一手电筒，用一层透光棉布稍遮挡光源，然后照射在玻璃板上，一方面可提高观看反应结果的清晰度，另一方面也可使反应在较适宜的温度下进行。

（3）结果观察和判定：若待检鸡只血液和凝集抗原混匀后，在规定时间内出现了片状颗粒，即为凝集现象，就是阳性反应，表明该鸡感染了鸡白痢。凝集颗粒越大越多，说明感染程度越强。

全血平板凝集试验结果的判定，是在已知抗原与被检全血混匀后0.5～3min后看凝集颗粒的大小、多少，凝集的程度，以“+”来标定；若在一定时间内100%凝集，除凝集颗粒或凝集片以外周围的液体完全清澈透明者为强阳性，以“++++”表示；约有75%凝集，周围液体中还有少量混浊为中度感染，以“＋＋＋”表示；约有50%凝集，周围液体约一半混浊者为轻度感染；若25%凝集，周围液体混浊度高，为可疑，以“±”表示；全部均匀混浊，无凝集的为阴性，以“－”表示。

该方法也可用待检鸡的血清代替全血，其操作方法和结果判定与全血凝集试验方法一样。只是血清平板凝集反应结果明显，准确率高，但比较麻烦，需先分离血清，费时、费工，不适于大群操作。而全血平板凝集试验操作简单、方便，适用于大群操作，但结果不太准确，操作时应细致观察。而且必须注意的是，操作过程中应坚持一只鸡一个针头，一只鸡一个滴管和牙签，不能混用，以免影响结果。

由于鸡白痢、鸡伤寒、鸡慢性呼吸道病（支原体感染）均为卵传性疾病，严重影响养鸡业生产，而目前使用的一些药物只能减轻这些疾病的临床症状，不能从根本上消灭这几种病。而且这几种病的病原体广泛地存在于自然界、人和动物肠道中，没有好的方法杜绝它，只有以血平板凝集试验对鸡群进行监测，淘汰阳性鸡，净化种鸡群，建立无特定病原感染的种鸡群，减少经卵传播疾病，促进养鸡业健康发展。

3. 免疫扩散试验　对于马立克病、传染性法氏囊炎病等抗体监测常用免疫扩散试验，以双向扩散反应（琼脂扩散）为例测定鸡传染性法氏囊炎免疫效果。

（1）试验材料和工具：传染性法氏囊炎阳性抗原、阳性血清（或卵黄抗体）、待检血清（鸡翼静脉采取接种传染性法氏囊炎疫苗后20d的血，分离血清）、优质琼脂粉、氯化钠、蒸馏水、酒精灯、石棉瓦、微量移液器、平皿、打孔器、三角瓶、托盘天平、湿盒、培养箱等。

（2）操作方法。

1）琼脂平板的制备：称量琼脂粉1克，放入三角瓶中，加入100mL蒸馏水，加热煮沸融化琼脂，再加入8g氯化钠于三角瓶中，加热至氯化钠全部溶解。将琼脂胶倒入直径75～90mm的平皿中，厚度约3mm，待其凝固。琼脂冷却后，用打孔器打孔，打成梅花形7

孔图案。要求中央孔直径4mm，周边孔直径3mm，孔间距3mm，用针头挑去孔内的琼脂，操作时要细心，防止孔的边缘出现裂缝。最后为避免加样渗漏，还需要用酒精灯火焰将琼脂稍熔化以封固孔底。

2）加样：中央孔加标准阳性抗原，将被检血清进行1∶2、1∶4、1∶8、1∶16……稀释后，按顺序加入周围孔，并编好序号记录。

3）扩散反应：加样后的琼脂板置于湿盒中，于37℃温箱中扩散24～72h，观察结果。

（3）结果判定：24h后，可观察被检血清与抗原之间出现明显的沉淀线，按表明的顺序看，若1、2、3、4孔与抗原之间出现沉淀线，说明该鸡免疫效价为1∶16，沉淀线出现的孔数越多，说明免疫抗体越高，鸡传染性法氏囊炎抗体达1∶32即可。鸡马立克病抗体监测方法与鸡传染性法氏囊炎病相同。可购买马立克琼脂扩散抗原，来诊断被检鸡的抗体，只要出现沉淀线，即免疫有效。

第四章　规模化鸡场药物保健技术

第一节　药物保健的意义

现代化规模化鸡场的重要特点之一是将成千上万只鸡饲养于同一栋鸡舍内，这种高密度的饲养环境，为养鸡业获得了较高的经济效益。但是，在非自然、高密度条件下饲养时，往往造成鸡舍通风不良和光照不好，舍内存在大量有害气体，易于滋生各种病原微生物、寄生虫和传播疾病的蚊、虫、鼠类。由于缺乏自由，缺少垫草和产蛋窝、采食空间狭小，缺乏安静的群居环境，鸡只处于高度应激状态，导致行为异常，如头部抖动和同类残食（啄肛、啄趾、啄羽）；当饲养密度过大时，由于散发的热量增加，排放到舍内的二氧化碳、硫化氢、氨气增多，成为生态应激因子，可导致产蛋减少，饲料消耗量增加，生长发育迟缓。同时病原微生物更易通过空气传播，鸡群对传染病的易感性大大增加，由于紧密接触，鸡只发病后，更容易造成疾病的扩散、流行，发病鸡只数量大，给治疗造成很大困难。

在集约化生产条件下，许多疾病往往是暴发，如禽巴氏杆菌病，鸡得不到治疗就发生死亡。一些烈性传染病往往是病毒病，一般没有特效的化学药物进行治疗，如鸡新城疫、鸡马立克病等，这些疾病目前主要使用疫苗预防。另有一些常见多发性疾病，如大肠杆菌、禽支原体病和球虫病是条件性疾病，机体在正常情况下都带有这些病的病原，一旦环境温度发生变化、饲料变更或饲养方式改变，这些疾病就会暴发，甚至大流行，引起高发病率和高死亡率。

同时目前规模化养鸡场饲养的鸡只，多是育种学专家经过长期世代选育而成的具有特定生产性能的品种。这些品种的鸡只具有早熟、高产和抗逆性差的特点，它们代谢旺盛，生长速度快，生长周期短(如肉鸡42d即可出栏)，生理功能不十分完善，抵抗力弱，易受各种应激因素影响而发病。鸡只个体较小，治疗很不方便，治愈率低，死亡率高，治疗费用也高。因此，无论是在发病时还是发病后进行治疗，都将使鸡的生产性能下降，给生产造成严重的经济损失。

以上内容充分说明，现代化鸡生产对疾病的控制原则应坚持“预防为主、养防结合、防重于治”。鸡的疫病防治中，除了加强饲养管理，搞好免疫接种、检疫诊断和消毒工作等措施外，合理使用药物也是一项重要措施。特别是目前尚无有效疫苗可用的一些传染病(主要是细菌病)、寄生虫病（主要是原虫病）和代谢病发病率呈增长趋势。为了节省人力，提高效率，避免应激反应，取得理想的防治效果，要有计划地对鸡群进行保健用药。

第二节　规模化鸡场常用的保健药物

药物保健是指根据鸡只生长发育的不同阶段可能发生的各种疾病，有目的、有针对性地选用某些有效药物，通过饲料或饮水添加等方式对鸡群给药，从而有效地提高鸡只机体的免疫力与抗病力，减少各种疾病的发生与流行，是一项十分重要的防控措施。

一、维生素及微量元素类

在正常情况下，鸡只体内各种营养物质的代谢是非常复杂，却有条不紊、非常协调地进行着。但随着养鸡业发展和结构的调整，在规模化、集约化生产中鸡只不可避免地受到鸡舍建筑结构、管理设施和制度、内外理化生物学环境因素、饲料配合、饲养方法及对营养需求等一系列生产流程的严格控制和支配，使得群发性营养代谢病日趋严重，特别是亚临床型所致的生长发育缓慢和生产性能降低造成了严重的经济损失。

由于营养代谢病的病程发展缓慢，且诊断和治疗较为困难，因此对于这类疾病的预防显得尤为重要。预防的关键在于加强饲养管理，保证供给全价饲料，特别是高产鸡只，在不同的生产阶段根据机体的生理需要，及时、准确、合理地调整饲料结构，同时定期对鸡群进行营养代谢病的监测，合理地使用药物进行预防。

1. 维生素A　是消化道、呼吸道、泌尿生殖道、眼结膜和皮脂腺等上皮细胞正常生理功能所必需的物质。

（1）维生素A缺乏症：鸡缺乏维生素A时，细胞的代谢功能受阻，上皮变得干燥和角化，机体的防御功能降低，易感染传染病。当泪腺上皮受害时，泪腺的分泌物减少而发生干眼病；性器官受害时可引起生殖功能的障碍。

维生素A是构成视觉细胞内感光物质的成分，当其缺乏时视杆状细胞不能合成足够的视紫蓝质，从而出现在暗光、黄昏和夜间视物不清的现象，称其为“夜盲症”。

维生素A能维持骨细胞的正常功能，为骨的正常代谢所必需。缺乏时，黏多糖的合成受阻，成骨细胞和破骨细胞的相互关系紊乱，特别是胚胎和幼鸡的脊柱与头骨极易受其害，从而导致骨的钙化不全和畸形。种鸡缺乏维生素A时蛋的孵化率降低。

在无青绿饲料的情况下要保证添加足够的维生素A预混剂，NRC（1994）（鸡的饲料标准）推荐的维生素A最低需要量生长阶段为每千克体重1 500u，蛋鸡为每日每只300～330u。

（2）治疗：鸡维生素缺乏症的治疗药物为维生素A制剂，常用以下药物。

1）鱼肝油：每克含维生素A 1 500u和维生素D 150u。口服，每次1～2mg。

2）维生素A：混饲，每千克饲料添加2 000～5 000u。

3）含有抗氧化剂的维生素A饲用油：混饲，每千克饲料添加11 000u。

4）维生素A注射液：肌内注射，每次1 000～3 000u。

2. 维生素D　维生素D及其活性代谢产物对钙、磷代谢的调节主要表现在以下三个方面：①促进小肠近端对钙的吸收，远端对磷的吸收。②促进肾小管对钙、磷的重吸收。③促进骨骼钙、磷的运输。

（1）维生素 D 缺乏症：维生素 D 缺乏时可导致鸡机体矿物质代谢紊乱，影响生长鸡骨骼的正常发育（如减弱骨骼的钙化），以及产蛋母鸡初期出现蛋壳不坚，破蛋率高，严重时形成软壳蛋，产蛋率和孵化率显著降低。其致病机制主要是维生素 D 不足或缺乏时，肠道对钙、磷的吸收和运输能力降低，血液中钙、磷的水平随之降低。血液中钙水平下降引起甲状旁腺分泌增加，致使破骨细胞活性增强，使骨盐溶出，并使钙、磷不能在骨生长区的基质中沉积。此外，还使原来已经形成的骨骼脱钙，引起骨骼病理变化。幼鸡因成骨作用受阻而发生佝偻病，成年鸡因骨不断溶解而发生软骨症。

（2）预防或治疗：鸡维生素 D 缺乏的主要措施为补充维生素 D 制剂，同时适当应用钙剂。

1）维生素 AD 油：每毫升含维生素 A 5 000u 和维生素 D500u。口服，鸡每次 1 ~2mL。

2）维生素 AD 注射液：规格为每 0.5mL 含维生素 A 2 500 万 u、维生素 D 2 500u，或每 5mL 含维生素 A 25 万 u、维生素 D 25 万 u。肌内注射，每次 0.5 ~1mL。

3）维生素 D_2 胶性钙注射液：规格（以维生素 D_2 计）为 5 000u/mL、10 万 u/20mL。皮下或肌内注射，每次 0.5 ~1mL。

4）维生素 D_3 注射液：规格为 15 万 u/0.5mL、30 万 u/mL、60 万 u/mL。肌内注射，每次每千克体重 1 500 ~2 000u。

口服维生素 D 制剂适用于轻度病鸡，可选用鱼肝油或维生素 AD 油。而突击疗法适用于中度、重度病鸡，肌内注射 1 个月后改预防量口服，直至痊愈。

在治疗时要多晒太阳，冬季可给予预防量维生素 D 一次性口服，以防复发。

3. 维生素 E 主要生物学效应是抗氧化作用，能抑制和减缓体内多价不饱和脂肪酸的氧化和过氧化，中和氧化过程中所形成的游离根及超过氧化物等氧自由基，保护细胞及细胞器脂质膜，特别是含不饱和脂质丰富的膜，如细胞的线粒体、内质网和质膜结构的完整性和稳定性，维持肌肉、神经、外周血管及生殖器官的正常功能，抑制透明质酸酶活性及保持细胞间质通透性。

维生素 E 又称生育酚，它不仅对正常的生殖系统是必需的物质，已不限于抗不孕症，而在鸡的营养中起着多方面的作用：是预防脑软化症最有效的抗氧化剂；与硒的作用相互联系，对预防渗出性素质和火鸡的肌肉营养不良起着特殊的作用；与硒及胱氨酸的作用相互联系，对预防营养性肌萎缩起着另一种作用。

（1）维生素 E 缺乏症：当鸡缺乏维生素 E 时，体内不饱和脂肪酸过度氧化，细胞膜和亚细胞膜遭受损失，释放出各种溶酶体酶，如β－葡糖醛酸酶、β－半乳糖酶、组织蛋白酶等，导致器官组织的退行性病理变化，表现为急性肝坏死、肌肉萎缩、血管上皮细胞通透性增强、血液外渗（渗出性素质）、组织发生水肿、神经麻痹及贫血等症状。

（2）预防和治疗：维生素 E 缺乏的药物主要有以下几种。

1）维生素 E 注射液：规格有 5mg/mL 和 50mg/mL 2 种。肌内注射，每日 1 次，每次 5～10mg。

2）亚硒酸钠维生素 E 预混剂：含亚硒酸钠 0.04%、维生素 E 0.5%，用于防治白肌病、雏鸡渗出性素质等疾病，也可用于促进鸡的生长繁育。使用时，将本品 200g 拌于 200～350kg 饲料中，任鸡自由采食，连用 3～5d。

3）亚硒酸钠维生素 E 注射液：本品为亚硒酸钠（0.1%）与维生素 E（5%）的复方灭菌溶液。规格有 1mL、5mL、10mL 3 种，每次肌内注射 1～2mL。

4. 维生素 B_1　是体内多种酶系统的辅酶，能促进氧化过程，调节糖代谢，对维持生长发育、正常代谢，保证神经和消化功能的正常具有重要的意义。

（1）维生素 B_1 缺乏症：鸡体内如缺乏维生素 B_1 则丙酮酸氧化分解不易进行，丙酮酸不能进入三羧酸循环中氧化产能，积累于血液组织中，能量供给不足，以致影响神经组织、心脏和肌肉的功能。病鸡表现心脏功能不足、运动失调、抽搐、肌力下降、强直痉挛、角弓反张、外周神经麻痹等明显的神经症状。

维生素 B_1 缺乏时以糖代谢障碍为主，同时伴有蛋白质和脂肪代谢障碍的综合征。维生素 B_1 尚能抑制胆碱酯酶，减少乙酰胆碱的水解，所以病鸡患多发性神经炎时常伴有消化不良、食欲不振、消瘦、骨骼肌收缩无力等症状。

（2）预防和治疗：预防和治疗维生素 B_1 缺乏的药物主要有以下几种。

1）维生素 B_1 粉：每千克饲料加 10～20mg，连用 1～2 周。

2）维生素 B_1 注射液：规格为 10mg/mL、25mg/mL 和 250mg/10mL 3 种。重病鸡肌内注射，雏鸡每次 1mg，成年鸡 5mg，每日 1～2 次，连续数日。

3）复合维生素 B 注射液：规格为 10mL/支，其中含 100mg 维生素 B_1、10mg 维生素 B_2、10mg 维生素 B_6、250mg 烟酰胺，肌内注射，雏鸡每次 1mL，成年鸡 3mL，每日 1～2 次，连用数日。

5. 维生素 B_2 是由核醇与二甲基异咯嗪结合构成的，由于异咯嗪是一种黄色色素，故又称之为核黄素，核黄素是组成体内 12 种以上酶系统的活性部分，在体内生物氧化过程中起着传递氢的作用，并对中枢神经系统的营养、毛细血管的功能活动有重要影响。此外，维生素 B_2 在体内还具有促进胃分泌及肝脏、生殖系统功能活动和防止眼角膜受损的功能，以及促进维生素 C 的生物合成、维持红细胞的正常功能和寿命、参与生物膜的抗氧化作用、影响体内储存铁的利用等生物学功能。

（1）维生素 B_2 缺乏症：维生素 B_2 缺乏或不足时，鸡体内与其相关的酶系统受抑制，导致蛋白质、脂肪和糖代谢障碍，进而使神经系统、心血管系统、消化系统以及生殖系统功能紊乱，引起一系列的病理变化。

（2）预防和治疗：预防和治疗维生素 B_2 缺乏的药物主要有以下几种。

1）96% 维生素 B_2 粉：在鸡饲养全过程中，每 1 000kg 饲料加 2～

3g，可有效预防维生素 B_2 缺乏症。

2）维生素 B_2 注射液：规格有 10mg/2mL、25mg/5mL 和 50mg/10mL3 种。皮下或肌内注射，每次 5～10mg。

3）复合维生素 B 注射液：规格为 10mL/支，其中含 100mg 维生素 B_1、10mg 维生素 B_2、10mg 维生素 B_6、250mg 烟酰胺，肌内注射，雏鸡每次 1mL，成年鸡 3mL，每日 1～2 次，连用数日。

6. 维生素 B_6 参与氨基酸的转氨基反应。氨基酸在体内代谢时，主要通过转氨酶的催化作用脱去氨基生成相应的 α－酮酸，或者由 α－酮酸接受氨基而生成相应的氨基酸。磷酸吡哆醛或磷酸吡哆胺不仅是转氨酶的辅酶，也是某些氨基酸脱羧酶及半胱氨酸脱硫酶等的辅酶，鸡育肥时特别需要维生素 B_6，否则影响育肥、增重等生长性能。

（1）维生素 B_6 缺乏症：磷酸吡哆醛又是某些氨基酸脱羧作用所必需的辅酶。氨基酸脱羧后，产生有生物活性的胺类，对机体生理活动有着重要的调节作用。如谷氨酸脱去羧基生成的 γ－氨基丁酸，与中枢神经系统的抑制过程有密切关系。当维生素 B_6 缺乏时，由于γ－氨基丁酸生成减少，中枢神经系统的兴奋性则异常增高，因而病鸡表现特征性的神经症状。

（2）预防和治疗：预防和治疗鸡维生素 B_6 缺乏的主要措施为补充维生素 B_6 制剂，常用药物如下。

1）维生素 B_6 片：10mg/片，口服，每次 5mg。

2）维生素 B_6 注射液：规格有 25mg/mL、50mg/mL、100mg/2mL、500mg/10mL 4 种。皮下、肌内或静脉注射，每次 5mg。

实际生产中，维生素 B_6 饲喂量要有针对性的改变，饲喂量不足需增加供给量。据报道，洛岛红与芦花杂交种雏鸡对维生素 B_6 的需要量比白来航鸡雏鸡的需要量要高很多。

7. 维生素 B_3（泛酸） 泛酸在鸡各组织中与三磷酸腺苷（ATP）和半胱氨酸经一系列反应而合成辅酶 A。泛酸是以乙酰辅酶 A 形式参与物质代谢，对糖类、脂肪和蛋白质代谢过程中的乙酰基转移皆有重要作用。在肝脏里，泛酸能使一些磺胺类药物乙酰化，有利于其解毒。

（1）维生素 B_3 缺乏症：泛酸缺乏时，可导致糖类、脂肪和蛋白质代谢障碍，乙酰胆碱合成减少，肝脏乙酰化解毒作用减弱，肾上腺皮质激素合成及造血功能障碍等一系列临床病理变化。

（2）预防泛酸缺乏症：药物有如下几种。

1）泛酸钙：混饲，每1 000kg 饲料添加6～15g。

2）泛酸钙片：规格有5mg/片和10mg/片2种。口服，每次5mg。泛酸极不稳定，易受潮分解，因而在与饲料混合时，都用其钙盐。

8. 维生素 B_5（烟酸） 也称烟酰胺，有人也称其为维生素 PP、尼克酸或抗赖皮病因子，是鸡体内营养代谢的必需物质。烟酸广泛存在于动、植物饲料中，如肉、鱼、蛋、奶、全麦粉、水果、蔬菜、酵母、米糠中，玉米种烟酸及其前体色氨酸含量较低。

维生素 B_5 包括烟酸（尼克酸）和烟酰胺（尼克酰胺）两种。烟酸在鸡体内先转变成烟酰胺，而后再成为辅酶Ⅰ和辅酶Ⅱ的组成成分。这两个酶在鸡的能量利用以及脂肪、蛋白质和碳水化合物合成与分解方面起着重要的作用。维生素 B_5 在促进铁的吸收和血细胞的生产、维持皮肤的正常生理功能和消化液的分泌、提高中枢神经的兴奋性、扩张末梢血管及降低血清胆固醇含量等方面起着重要作用。所以，烟酸缺乏时，导致此类酶合成不足，而引起生物氧化功能的紊乱，造成糖、脂肪、蛋白质的代谢障碍，发生相应的病理变化。

9. 维生素 B_{11}（叶酸） 叶酸在体内能够生成具有生物活性的5,6,7,8－四氢叶酸。四氢叶酸是体内一碳基团代谢的辅酶，参与嘌呤、嘧啶及甲基的合成等代谢过程。由于嘌呤和嘧啶都是合成核酸的原料，因此叶酸对核酸的合成有直接影响，并对蛋白质的合成和新细胞的形成有重要的促进作用。

（1）叶酸缺乏症：鸡叶酸缺乏时，其正常核酸代谢和细胞繁殖所需的核蛋白形成皆受到影响，胸腺嘧啶脱氧核糖核酸（DNA）合成减少，使红细胞 DNA 合成受阻，红细胞分裂增殖速度下降，细胞体积增大，使病鸡血细胞的发育成熟受到障碍，造成巨幼红细胞性贫血症和白细胞减少症，以致病鸡有生长停滞、羽毛生长不良等明显的症状。

长期服用磺胺类药物或其他抗菌药物，或长期单一饲喂谷物性饲料，可发生叶酸缺乏。

（2）预防和治疗：叶酸缺乏常用叶酸片治疗，规格为5mg/片，每千克体重一次口服2.5mg。

10. 维生素 B_{12} 又称氰钴胺，是促红细胞生成因子，现定名钴胺素。饲料中的维生素 B_{12} 进入肝脏转化为具有高度代谢活性的甲基钴胺而参与氨基酸、胆碱、核酸的生物合成，并对造血、内分泌、神经系统和肝脏功能具有重大影响。维生素 B_{12} 参与碳基酶的代谢，是生物合成核酸和蛋白质的必需因素，它促进红细胞的发育和成熟，这与叶酸的作用是相互关联的。当体内维生素 B_{12} 缺乏时，阻碍了胸腺嘧啶的合成，引起DNA合成异常，使红细胞发育受阻，从而出现巨幼红细胞性贫血和白细胞减少症。维生素 B_{12} 还有促进蛋白质合成的能力，当缺乏维生素 B_{12} 时，血浆蛋白合成量下降，肝脏中的脱氢酶、细胞色素氧化酶、转甲基酶、核糖核酸酶等酶的活性也减弱。维生素 B_{12} 还是甲基丙二酰辅酶A异构酶的辅酶，在糖和丙酸代谢中起重要作用。

（1）维生素 B_{12} 缺乏症：维生素 B_{12} 参加机体内许多代谢过程，当其缺乏时，可引起一系列代谢紊乱，使鸡出现发育缓慢、贫血、成年鸡产蛋量下降等症状。

（2）目前在饲料中添加或药物治疗的维生素 B_{12} 药物有以下几种。

1）维生素 B_{12} 粉：混饲，每1 000kg饲料添加2～4mg。

2）维生素 B_{12} 注射液：规格有0.05mg/mL、0.1mg/mL、0.25mg/mL、0.5mg/mL和1mg/mL几种。皮下、肌内或静脉注射，每次0.05mg。

11. 钙、磷 饲料中的钙、磷在小肠前段酸性环境中被吸收，经血液运输到骨骼和其他组织；与此同时，骨骼中的钙、磷也不断地进行部分分解进入血液，以保持相对的动态平衡和骨的更新。

（1）钙、磷缺乏症：当饲料中钙、磷不足或小肠吸收功能障碍时，甲状旁腺激素的分泌增多，骨细胞和破骨细胞活性增强，动用骨骼里的钙、磷以保持血液里的相对平衡，结果导致骨骼的大量脱钙和钙化不全，脱钙和钙化不全的组织被纤维性结缔组织增生代替，使骨的正常结构、外形发生变化，易变松、变软、变脆、肿大变形，尤以肋骨、龙骨和腿骨的变化明显，产蛋鸡产蛋量减少，产薄壳蛋。钙多或磷多都会在肠道内结合成不溶性的磷酸钙，随粪便排出，影响钙、磷的吸收。

为促进钙、磷的吸收和加强骨的沉积作用，每2~3d肌内注射维生素A、维生素D或维生素D_2（D_3）注射液0.5~1mL，特别是对幼鸡效果很好。幼龄鸡和产蛋鸡要增加钙质饲料，并加喂鱼肝油。

(2）预防与治疗：防治钙、磷缺乏症的药物有以下几种。

1）氯化钙注射液：规格有0.3g/10mL、0.5g/10mL、0.6g/20mL和1g/20mL 4种。静脉注射每次0.1~0.5g。

2）氯化钙葡萄糖注射液：规格有20mL（含氯化钙1g和葡萄糖5g)、50mL（含氯化硅2.5g和葡萄糖12.5g)、100mL（氯化钙5g和葡萄糖25g）3种。静脉注射，每次5mL。

3）葡萄糖酸钙注射液：规格有1g/20mL、5g/50mL、10g/100mL和50g/5 000mL 4种。静脉注射，每次0.5~1g。

4）碳酸钙粉：为白色极细结晶粉末，无臭，无味，几乎不溶于水和乙醇。口服，每次0.5~1g。

5）乳酸钙粉：为白色颗粒或粉末，几乎无臭，微有风化性，能溶于水（1:20)。口服，每次0.1~0.2g。

6）骨粉：可治疗鸡软骨病，口服，每次10g/羽，5~7d为1个疗程。症状减轻后，每次5g/羽，连用7~14d。

12. 硒 在动物体内最根本的作用是它的抗氧化能力，并与同起抗氧化作用的维生素E有互补效果，可使组织免受体内过氧化物的损害而对细胞的正常功能起保护作用。

(1）硒缺乏症：当硒缺乏时，机体在代谢过程中产生各种内源性的过氧化物造成细胞、亚细胞膜的功能和结构的种种损伤，导致DNA、RNA和酶等发生异常，影响细胞分裂、生长、发育、繁殖、遗传等。结果导致肌（骨骼肌、心肌）细胞、肝细胞、胰腺和毛细血管细胞以及神经细胞等发生变性、坏死。因而在临床上可见到鸡的肌营养不良、肌胃变性、胰腺萎缩、渗出性素质、脑软化等症状和病理变化。

另外，硒参与微粒体混合功能氧化酶体系，起传递电子的作用，因此与很多重要活性物质的合成、灭活以及外源性药物、毒物（包括致癌物）生物转化过程有密切关系。

硒在体内还可促进蛋白质的合成。当硒协同维生素 E 作用时，可保持鸡的正常发育。

（2）预防与治疗：防治硒缺乏症的药物有如下几种。

1）亚硒酸钠注射液：规格有 1mg/mL、2mg/mL、5mg/5mL 和 10mg/5mL 4 种。皮下或肌内注射，每次 0.5mg。作预防用时，适当减少用量。

2）亚硒酸钠 - 维生素 E 注射液：本品为亚硒酸钠（0.1%）与维生素 E（5%）的复方灭菌溶液，规格有 1mL、5mL 和 10mL 3 种。肌内注射，每次 0.5mL。

3）亚硒酸钠维生素 E 预混剂：本品为亚硒酸钠（0.04%）、维生素 E（0.5%）与辅料制成的复方制剂。混饲，每 1 000kg 饲料添加本预混剂 500 ~ 1 000g。

二、免疫增强剂类

免疫增强剂是指可通过影响机体免疫应答反应和免疫病理反应而增强机体免疫功能的药物。鸡免疫增强剂一般以黄芪、白细胞介素、左旋咪唑、乳酸杆菌等较为常用，共分为五大类。

1. 中草药制剂　如黄芪、党参、灵芝、淫阳藿、肉苁蓉、当归、大蒜、穿心莲、茯苓、水牛角、猪苓、干草等。许多中药的主要免疫活性成分，具有调节机体阴阳平衡，提高免疫功能作用。

其作用主要表现在以下方面：一是可促进免疫器官的发育；二是可使单核巨噬细胞大量增殖；三是可提高机体的细胞免疫水平；四是可增强体液免疫水平。

一些中草药具有补益正气、调理气血津液、疏通经络的功效，其中含有丰富的多糖、有机酸、生物碱、苷类等能增强机体免疫力的有效成分，这些物质对机体细胞因子的形成具有促进作用，能促进机体免疫器官的发育，从而提高机体非特异性免疫力和抗病力。有研究表明，黄芪、猪苓等能促进鸡法氏囊、脾的发育。在肉杂鸡早中期生长过程中添加蜂花粉有升高脾脏指数的趋势，提高脾的免疫应答反应。人参酸性多糖可促进脾细胞增殖，香菇多糖可促进胸腺发育。飞燕草对雏鸡接种 ND 疫苗免疫效果有明显的提高。青刺果种粕粉能显著提高肉鸡血清抗体 IgG、IgA、IgM 的含量，对体液免疫具有积极作用，从而刺激机体产生极强的免疫力。黄芪皂苷和人参皂苷均能增强网状内皮系统的吞噬功能，促进抗体生成，加快抗原抗体反应和淋巴细胞转化。甘草酸具有显著增强动物机体免疫力的功能。

在 1 日龄京白雏鸡日粮中添加 1% 复方中草药添加剂（黄芪、苦参、艾叶、泡桐叶），可使雏鸡体重增加 14.02%。在雏鸡日粮中添加中药复方剂（党参、黄芪、当归、板蓝根、麦冬、女真子、炒白术、炙干草、茯苓、淫羊藿、补骨脂）可显著提高体重，也有助于增强雏鸡的抗氧化能力。在蛋鸡日粮中添加淫羊藿、黄芪、白术、神曲等可提高产蛋量。临床上常用的促生长添加方剂有健鸡散（党参、黄芪、茯苓、神曲、麦芽、山楂、干草、槟榔），促产蛋的方剂有蛋鸡宝、激蛋灵等。

某些中草药对细菌具有直接杀灭力，有些则主要通过增强机体器官组织，调动机体非特异性免疫力，达到抑制或杀灭病原菌的作用，以清热解毒类中草药抗病原菌效果明显。如金银花含有氯原酸、异氯原酸和木樨草素等成分，可抑制细菌细胞壁的合成，以切断病菌繁殖扩增途径，对伤寒杆菌、痢疾杆菌、大肠杆菌、葡萄球菌等有抑制作用。黄柏含有多种生物碱、无氮结晶物质、脂肪油、黏液质和甾醇类等，能够抑制细菌呼吸和抑制细菌 RNA 的合成而抗菌。有研究表明，乌柏水提取液治疗人工感染鸡白痢的有效率达 80% ~90%，白头翁汤治疗鸡白痢的有效率为 95%。临床上常用的抗菌中草药有当归、金银花、连翘、大青叶、蒲公英、大蒜、穿心莲、鱼腥草等。防治鸡病常用的方剂有：鸡痢灵散（雄黄、藿香、白头翁、滑石、诃子、马齿苋、马尾连、黄柏），用于雏鸡白痢的防治；三黄汤（黄连，黄柏，大黄），用于鸡大肠杆菌的防治。

中兽医学认为，疾病的发生、发展与变化的根本原因，不在机体的外部，而在机体的内部。疾病就是正气与邪气相互斗争，发生邪正消长、阴阳失调和升降失常的结果。因此，中草药抗病毒的作用主要是通过增强机体抵御邪气的能力，调理和改善生理功能而完成的。如板蓝根味苦，性寒，含靛苷、靛红，板蓝根乙、丙、丁素，以及氨基酸、树脂、糖类等，在抑制流感病毒方面有比较好的作用。此外，菊花、柴胡、紫草、黄芩、金银花、连翘等也具有抑制流感的作用。银翘散对流感病毒和鸡新城疫病毒有一定的抑制作用。

2. 生物因子　如胸腺因子、法氏囊提取物、植物多糖（如黄芪多糖）、转移因子、白细胞介素等，可刺激淋巴 B 细胞分化、发育，快速诱导分化抗原在淋巴母细胞表面的表达。

（1）黄芪多糖：为棕黄色粉末。可提高机体免疫力，增强体质；能阻止病毒复制；可直接作用于菌体，杀灭细菌，排出毒素。广泛用于各种病毒性和细菌性疾病的防治，对预防鸡的各种瘟疫、传染性法氏囊病、腺胃及十二指肠出血、传染性胃肠炎、传染性支气管炎、肠毒综合征等均有效，与化学药物配合使用效果更佳；与疫苗联合使用可以增强疫苗的血清抗体效价，已经被作为疫苗应用时的保护剂和增效剂。

（2）鸡用白细胞介素 -2：为无色或浅黄色的液体，无菌活性蛋白制剂。开启后一次性用完，受污染后勿用，内有轻微混浊为正常。在 2 ~ 8℃条件下冷藏保存，有效期为 2 年。

白细胞介素 -2 不仅能激活 T 细胞，促进和维持 T 细胞长期存活，而且能促进 B 细胞分化及分泌抗体，诱导干扰素产生，增强单核细胞以及 NK 细胞的杀伤活性，增强机体免疫力、抗病和抗感染能力，是一类天然活性免疫增强剂。

本品可在疫苗（冻干苗、灭活苗）免疫的同时使用，有效预防由于免疫抑制和免疫麻痹导致的免疫失败，提高疫苗免疫效果，降低免疫应激和对免疫部位的伤害，提高抗体水平，抗体整齐度好，维持时间长。可用于增强鸡新城疫、传染性法氏囊病、传染性支气管炎、传染性喉气管炎、产蛋下降综合征等病毒性疾病的免疫力。

在发病情况下与药物配合使用能提高药物的治疗效果，短时间内控制疾病，降低死亡率；在炎热、断喙、换料、免疫等情况下使用，能明显增强机体抗应激能力，尤其在疫苗禁忌免疫、发病治疗时，能够避免应激，降低损失。

制剂、用法与用量：900 万活性 u/6mL。用生理盐水或疫苗稀释液稀释后注射，提高疫苗免疫效果时，与疫苗（冻干苗或灭活苗）联合应用，一次量 600 ~ 900 羽/瓶；病毒病和细菌病的辅助治疗，1 000羽/瓶，饮水 1 次，重症加倍；疫苗紧急免疫和抗应激，以 1 ~ 2 倍量配合疫苗同时使用，重症加倍。

（3）排异肽免疫球蛋白（禽专用）：用于鸡常见细菌性和病毒性疾病的预防和治疗，可提供活性免疫球蛋白，识别、中和、清除细菌、病毒等病原微生物及其毒素，增强机体免疫力，提高抗病能力。

制剂、用法与用量：10mg/5mL。皮下或肌内注射，每毫升制品可用于雏鸡 2 000 羽，成鸡 1 000 羽。

忌与酸碱溶液一起注射，用前摇匀，开瓶后一次性用完，使用前可用灭菌生理盐水稀释混匀后注射。

（4）鸡基因工程干扰素：为无色或微浊液体，冷冻为冰状。主要成分为鸡 α 干扰素。

干扰素与细胞表面受体结合，诱导细胞产生多种抗病毒蛋白，抑制病毒在细胞内繁殖，提高免疫功能，包括增强巨噬细胞的吞噬能力，增强淋巴细胞对靶细胞的细胞毒性和自然杀伤细胞的功能。

本品具有广谱抗病毒、抗肿瘤以及免疫调节功能，主要用于鸡新城疫、H_9 亚型禽流感、传染性法氏囊病、传染性支气管炎、传染性喉气管炎、产蛋下降综合征、禽脑脊髓炎、马立克病、鸡痘等病毒性疾病的治疗和预防。同时，还具有免疫空白补位、弥补雏鸡先天性免疫不足，避免死亡高峰等作用。

制剂、用法与用量：1 000 万活性 u/5mL。饮水、点眼、滴鼻或注射，雏鸡 2 000 羽/瓶；中大鸡 1 000 羽/瓶，重症加倍，每日 1 次，连用3日，同时使用抗病毒药配合治疗，并辅以抗生素以防细菌继发感染。

3. 微生态制剂　是可直接饲喂的微生物制品，又名促生素、益生菌等，主要由正常消化道优势菌群中的乳酸杆菌、粪肠球菌、双歧杆菌、蜡样芽孢杆菌、枯草芽孢杆菌等种属菌株组成。主要用于调节动物消化道内环境和微生物区系平衡，具有直接抑制动物肠道内有害微生物的作用或通过增强非特异性免疫功能来预防疾病，从而促进动物生长或提高饲料转化率，主要用于防治消化道感染及消化道功能紊乱。此类制剂以药用保健为主，兼有促生长、改善饲料报酬的作用。

（1）蜡样芽孢杆菌与类链球菌活菌制剂：用作饲料添加剂和防治鸡只腹泻，具有调节肠道正常菌群失调和促进生长的作用。作为饲料添加剂，按规定比例加入饲料，雏鸡一般用饲料量的0.1%～0.2%。注意：本品不得与抗菌药物同时使用，切勿使用50℃以上热水溶解；于避光干燥阴凉处室温保存，有效期为6个月。

（2）复合活菌制剂（禽专用）：以菌抑菌，保健免疫，抑制病原菌在鸡肠道内繁殖，调节肠道微生态平衡，改善肠胃功能，增加免疫力，抗应激。用于断奶、换料、运输、接种疫苗、高温、严寒等，消除应激反应效果极好。

1）降低粪便臭味。可明显降低舍栏内氨气臭味等有害气体浓度，改善饲养环境，同时有减少蚊蝇的功效，能有效减少呼吸道疾病发生。

2）提高饲料利用率。可促进饲料蛋白质、纤维素等营养物质转化、降解、吸收。改善饲料适口性，增进食欲，提高饲料利用率，降低饲养成本。

3）促长、增重、增蛋。可提高日增重，加快动物生长、发育、繁殖、延长产蛋高峰期、提高产蛋率，蛋重显著增加。

用复合活菌剂1kg加水300～500kg，用作饮用水，让鸡每天自由饮用，或在每天的日粮中，掺入5%～30%的发酵饲料饲喂。从幼鸡起开始使用，对预防鸡白痢、细菌性疾病有明显效果，可使鸡提前产蛋，延长产蛋期，降低发病率，增强免疫力、提高成活率。

4. 化学药物 如左旋咪唑、腐殖酸钠、α－甘露聚糖肽、佐剂等，可使受抑制的吞噬细胞和淋巴细胞恢复功能，或增加吞噬细胞的吞噬能力。

（1）左旋咪唑：为噻咪唑的左旋异构体。常用其盐酸盐或磷酸盐。

1）品种：

A. 盐酸左旋咪唑为白色或类白色针状结晶或结晶性粉末；无臭，味苦。本品在水中极易溶解，在乙醇中易溶，在氯仿中微溶，在丙酮中极微溶解。

B. 磷酸左咪唑为白色或类白色针状结晶或结晶性粉末；无臭，味苦。本品在水中极易溶解，在乙醇中微溶。

2）作用：通过提高 T 淋巴细胞和吞噬细胞的活性而调节免疫功能，对免疫功能抑制动物特别有效。作为免疫增强剂，用于鸡新城疫、鸡传染性法氏囊病的免疫预防，以提高免疫效果；或在发病、应激情况下作为辅助治疗药物，以提高机体的免疫力。

由于左旋咪唑对动物机体有拟胆碱样作用。因此在应用有机磷化合物或乙胺嗪 14d 内，禁用本品。本品不宜与四氯乙烯合用，以免增加毒性。

左旋咪唑对动物的安全范围不广，特别是注射给药，时有发生中毒甚至死亡事故，通常宜内服给药。

（2）化学益生素：又名益生元，是一类非消化性的化学物质，能选择性地促进一种或几种定植于肠道内常住菌的活性或生长繁殖，从而增进宿主健康。许多物质均可作为益生元，如含氮多糖或寡糖，辅酶，某些氨基酸或维生素，甚至半纤维素、果胶等。

化学益生素在仔鸡上应用较多，主要作为饲料添加剂使用。如低聚木糖，由于其不会被消化酶所降解并可携带病原体通过肠道，因此可以起到防止病原菌定植肠道的作用。病原菌不能利用甘露低聚木糖作为供其生长的能量来源，而有益菌如乳酸杆菌和双歧杆菌等可以被甘露低聚木糖激活。故低聚木糖通过双歧杆菌等有益菌间接发挥作用。鸡摄入低聚木糖 15d 后机体内可减少 45% 左右有毒发酵产物，同时对大肠杆菌、沙门杆菌有较好的抑制作用，可预防和防止腹泻；双歧杆菌发酵低聚木糖产生大量的短链脂肪酸（醋酸、乳酸），能刺激肠道蠕动，增加粪便湿润度，并保持一定的渗透压，从而防止便秘的发生。

一般情况下，在饲料中添加低聚木糖的量为100~150g/t。

5. 霉菌毒素吸附剂和解毒剂　我国饲料工业受到霉菌污染的比例比较大，将近有20%的饲料被霉菌污染而导致浪费。针对饲料霉变，很多饲料工作者采取了添加防霉剂和改善饲料存放条件等方法，取得了一定的效果。目前在我国饲料添加中常用的吸附剂和解毒剂主要有以下几种。

（1）蒙脱石：作用原理是蒙脱石利用四面体-八面体-四面体（T-O-T）层间多空结构与表面形成的离子极性，强吸附同样具有离子极性的霉菌毒素，强大的吸附力来自于超大的表面积与静电吸附。

（2）葡糖甘露低聚糖：其化学结构与同样属于有机类的霉菌毒素有亲和性，可有效吸附霉菌毒素。甘露低聚糖目前在饲料添加剂中已经在使用，其主要作用是作为一种益生素调节胃肠道苗群和数量。但目前的大量研究表明，甘露低聚糖可以和许多毒素结合，消除毒素对机体的影响。研究表明，甘露低聚糖主要通过物理吸附或者直接结合霉菌毒素这两种方式来消除霉菌毒素的影响，物理吸附可能主要是由于静电吸附力和分子间的作用力来相结合。

第三节　规模化鸡场抗微生物药物的合理使用

一、抗菌药物合理使用的原则

在自然界中，引起鸡场细菌性疾病的病原非常多，由其引起的疾病危害严重，如鸡白痢、鸡大肠杆菌病、禽霍乱、慢性呼吸道病、传染性鼻炎和葡萄球菌病等，给养鸡业造成了巨大的经济损失。药物预防和治疗是预防和控制细菌病的有效措施之一，尤其是对尚无有效的疫苗可用或免疫效果不理想的细菌病，如鸡白痢、禽霍乱、鸡败血支原体病等，在一定条件下采用药物预防和治疗，可收到显著的效果。

在应用抗菌药物治疗鸡病的实践中，要综合考虑到病原菌、抗菌药物以及鸡机体三者相互间对药物疗效的影响，科学合理地使用抗菌药物时一般有如下原则。

1. 严格掌握病证，准确用药 正确诊断是临床选择药物的前提，有了正确的诊断，才能了解其致病菌，从而选择对致病菌高度敏感的药物。细菌学诊断针对性更强，通过细菌的药敏试验以及联合药敏试验，其结果与临床疗效的吻合度可达70%～80%，而且目前药品种类繁多，同类疾病的可选药物有多种，但对于一个特定的鸡群来说效果会不大一样。因此，应做药敏试验后再用药，同时也要掌握鸡群的用药史和饲养者的用药经验。

2. 把握用药时机 疾病感染初期用药通常效果好，若出现明显临床症状或形成流行后再用药则往往效果欠佳。为此，要求饲养者随时掌握鸡群健康动态，在发现异常时及时用药。

3. 注意用药的阶段性 某些疾病的发生具有特定的易感日龄、发病季节或环境条件，根据这种规律有针对性地用药，从而收到事半功倍的理想效果。例如，防治雏鸡白痢应于1周龄内开始，气候变化大的季节应注意预防霉形体和大肠杆菌的感染。

4. 正确联合用药 在一些严重的混合感染或病原未明的病例，当使用一种抗菌药物无法控制病情时，可以适当联合用药，以扩大抗菌谱、增强疗效、减少用量、降低或避免毒副作用、减少或延缓耐药菌株的产生。目前一般将抗菌药分为四大类：第一类为繁殖期速效杀菌剂，如青霉素、头孢菌素类药物等；第二类为静止期杀菌剂，即慢效杀菌剂，如氨基糖苷类、多黏菌素类药物等；第三类为速效抑菌剂，如四环素类、大环内酯类、酰胺醇类药物等；第四类为慢效抑菌剂，如磺胺类药物等。第一类和第二类合用一般可获得增强作用，如青霉素和链霉素合用，前者破坏细菌细胞壁的完整性，使后者更易进入菌体内发挥作用。第一类与第三类合用则可出现拮抗作用，如青霉素与四环素合用，由于后者使细菌蛋白质合成受到抑制，细菌进入静止状态，因此青霉素不能发挥抑制细胞壁合成的作用。第一类与第四类合用，可能无明显影响，第二类与第三类合用常表现为相加作用或协同作用。在联合用药时要注意可能出现毒性的协同或相加作用，而且要注意药物之间理化性质、药物动力学和药效学之间的相互作用与配伍禁忌（表4.1）。

5. 避免耐药性的产生 随着抗菌药物的广泛使用，细菌耐药性的问题也日益严重，为防止耐药菌株的产生，应注意在临床上不滥用抗菌药物，杜绝不必要的预防应用，发现耐药菌株感染时要及时改用对病原菌敏感的药物或采取联合用药，同时尽量减少长期用药。

表4.1 常用抗菌药物配伍禁忌

药物	禁忌配伍的药物	配合使用的结果
青霉素	酸性要素如盐酸氯丙嗪、四环素类抗生素的注射液	沉淀、分解、失效
	碱性药物如磺胺类药物、碳酸氢钠注射液	沉淀、分解、失效
	高浓度乙醇、重金属盐	破坏、失效
	氧化剂（如高锰酸钾）	破坏、失效
	快速抑菌剂（如四环素、氯霉素）	疗效降低
红霉素	碱性药物如磺胺类药、碳酸氢钠的注射液	沉淀、析出游离碱
	氯化钠、氯化钙	混浊、沉淀
	林可霉素	出现拮抗作用
链霉素	较强的酸、碱性溶液	破坏、失效
	氧化剂、还原剂	破坏、失效
	利尿剂	肾毒性增大
	多黏菌素 E	骨骼肌松弛
多黏菌素 E	骨骼肌松弛药	毒性增强
	先锋霉素 I	毒性增强
四环素类抗生素	中性及碱性溶液如碳酸氢钠注射液	分解、失效
	生物碱沉淀剂	沉淀、失效
	阳离子	形成不溶性难吸收的络合物

续表

药物	禁忌配伍的药物	配合使用的结果
氯霉素	铁剂、叶酸、维生素 B_{12}	抑制红细胞
	青霉素类抗生素	疗效降低
先锋霉素Ⅱ	强利尿剂	增大对肾脏毒性
磺胺类药物	酸性药物	析出沉淀
	普鲁卡因	疗效降低或无效
	氯化铵	增加肾脏毒性
氟喹诺酮类药物	氯霉素、呋喃类药物	疗效降低
	金属阳离子	形成不溶性难吸收的络合物
	强酸性药液或强碱性药液	析出沉淀

二、抗支原体药物的合理使用

支原体又称霉形体，是一类缺乏细胞壁，仅由胞质膜包裹的原核微生物，是目前所知的能在无生命培养基中繁殖的最小微生物。支原体主要侵害鸡的呼吸道和生殖系统，还能引起关节炎、眼部感染等。从鸡分离到的支原体根据其致病性的差异，可以分为3种，即鸡毒支原体、滑液囊支原体和火鸡支原体。本病广泛分布于世界各国，已成为规模化养鸡的重要疫病之一。

目前，我国绝大多数养鸡场的鸡群都存在支原体感染，在正常情况下，一般不出现明显的临床症状，一旦有不利因素的影响，就会暴发，如有大肠杆菌、非典型新城疫继发或并发感染，病情则更为严重。目前对支原体病尚无有效疫苗，国内外常用抗生素和氟喹诺酮类药物作为防治支原体感染的主要药物。在治疗鸡支原体混合感染引起的疾病（如鸡支原体－大肠杆菌混合感染）时，往往用一种药物不能有效控制，要及时联合用药，同时注意一些继发或并发感染的治疗。

三、抗病毒药物的合理使用

在养鸡业中，病毒感染的发病率和传播速度均超过其他病原体所引起的疾病。危害较为严重的病毒性疾病有禽流感、鸡新城疫、鸡马立克病、鸡传染性支气管炎、鸡产蛋下降综合征、鸡传染性法氏囊病、传染性喉气管炎等。对于鸡的病毒性疾病，主要依靠疫苗预防，在20世纪90年代，抗病毒药物中的金刚烷胺、阿昔洛韦、吗啉双胍(病毒灵)、利巴韦林、聚肌胞、干扰素等都曾试用于兽医临床，但由于缺乏科学规范、安全有效的试验数据，且长期使用易产生变异毒株，不利于疫病的控制，甚至威胁人类健康。因此我国农业部第560号公告明确规定：禁止使用金刚烷胺、金刚乙胺、阿昔洛韦、吗啉双胍、利巴韦林等及其盐、酯的单方和复方制剂。目前许多中草药，如穿心莲、板蓝根、大青叶、金银花、黄芩等的单方和复方可试用于某些病毒性疾病的防治，但由于缺乏较为正规的、系统的研究资料，对其作用、用途、用法、用量等难以做出全面的介绍和评价，国家兽药标准中尚无该类产品的标准。

目前对于病毒病仍然主要靠疫苗预防，对病毒作用可靠、疗效确切的药物较少。兽医临床上被批准使用的抗病毒药物并不多，而且大多数抗病毒药物对鸡的应用缺乏较为正规、系统的研究资料，因此在应用时要注意合理用药。对于病毒性感染不宜使用抗菌药物，因为目前多数抗菌药物对病毒无作用，但如果病毒感染合并细菌感染时，可以联合使用抗菌药物。

目前常用的抗病毒药物有如下几种。

1. 黄芪多糖注射液　又名抗病毒Ⅰ号注射液。

(1) 性状：为豆科植物内蒙古黄芪或膜荚黄芪提取液的灭菌溶液，呈棕红色或棕褐色。

(2) 作用与用途：本品能诱导机体产生干扰素，调节机体免疫功能，促进抗体形成，可用于鸡传染性法氏囊病等病毒性疾病。

(3) 注意事项：对本品过敏或有严重不良反应的动物禁用；本品不宜与其他药物在同一容器内混合使用；发现药液出现混浊、沉淀、变色等现象时不能使用。

(4) 制剂、用法与用量：黄芪多糖注射液，每支（瓶）100mL，含黄芪多糖1g。肌内或皮下注射，每千克体重100～200mg，每日1次，连用3～5日。

(5) 临床配伍应用：①配伍增效：利尿剂与黄芪多糖注射液合用有协同性利尿和降压作用；干扰素与黄芪多糖联用有相加性抑制腺病毒的作用；人参与黄芪有多方面协同作用；苦参与黄芪配伍可加强和提升白细胞效应；金银花与黄芪配伍联用可提高解毒、消肿、排脓的效力，并可促进肉芽组织生长；麻黄与黄芪配伍可提高对支气管哮喘的疗效；防风可显著提高免疫功能，配伍中黄芪剂量大于防风，可呈现协同增效作用；与党参配伍可显著增强网状内皮系统的吞噬功能，可用于治疗肾炎、蛋白尿。②配伍禁忌：青霉素不宜与黄芪多糖注射液配伍应用；黄连、黄柏不宜与黄芪配制注射剂；与玄参联用时镇痛、抗炎、抗凝血、抗白细胞减少和耐缺氧能力等作用均有不同程度的降低或减弱。

2. 鸡基因工程干扰素

(1) 作用与用途：干扰素是病毒进入机体后诱导宿主细胞产生的一类具有多种生物活性的糖蛋白，其参与调节机体的细胞免疫，并可特异性增强机体细胞免疫力，对鸡新城疫、传染性法氏囊病、传染性支气管炎、传染性喉气管炎和慢性呼吸道病等疫苗的免疫力具有高效增强作用。此外，本品还能提高机体对热应激及断喙、换料、转群等应激因素的抵抗力。

(2) 不良反应：①流感样综合征，出现不同程度的发热、打寒战、全身不适、肌痛，基因工程制品纯度虽高但仍有此症状出现。常在用药初期出现，多为一次性和可逆性反应。②部分患病鸡只有骨髓暂时抑制，血小板和白细胞减少，停药后可恢复。

(3) 注意事项：本品对疫苗病毒有干扰，在正常疫苗免疫期间不得使用，必须使用时应间隔72h以上。低温冷冻保存条件下有效期为2年，2～8℃条件下保存有效期为18个月。

(4) 制剂、用法、用量：滴鼻、混饮或注射，每瓶适用于雏鸡

1 000只，中鸡 700 只，大鸡 500 只。

（5）临床配伍应用：①配伍增效：抗生素可提高干扰素治疗感染性、热性和脓毒性疾病的疗效；α-干扰素与维生素 D 有协同诱导分化作用，两者联合使用有更加显著的协同效应；黄芪有诱生干扰素的作用，与干扰素联合使用有相加性抑制腺病毒的作用；人参、香菇、板蓝根注射液、茵黄注射液、知母等均有诱生干扰素的作用，与干扰素联用可使其滴度提高 4 倍以上。②配伍禁忌：与葡萄糖注射液不宜混用；干扰素与对乙酰胺基酚联用可加重肝脏损害；干扰素降低茶碱体内清除率平均达 50%，联用有可能发生茶碱中毒；干扰素可能会改变某些酶的活性，尤其可降低细胞色素酶 P_{450} 的活性，因此可影响西咪替丁的代谢，不宜联用；含铝、镁等金属离子的药物不宜与干扰素同用；强的松对干扰素的副作用无影响，但可降低干扰素的生物活性。

第四节 规模化鸡场抗寄生虫药物的合理使用

一、抗球虫药物合理使用的原则

1. 要正确诊断，确定主要致病虫种 虫种不同，其致病力和致病部位亦不一致，对药物的敏感性也有很大差异。因此，对传统药物治疗无效和疗效欠佳的饲养场，应及早确定主要致病虫种，改用更有效的抗球虫药物。

2. 充分重视抗球虫药物的预防作用 几乎所有抗球虫药物的作用峰期都在球虫发育的第一或第二无性繁殖周期，极少有药物是主要抑制有性周期的。待鸡只出现血便等症状时，球虫基本完成了无性生殖而开始进入有性生殖阶段，此时用药只能保护未出现明显症状或未感染的鸡，而对出现严重症状的病鸡，却很难收到效果。所以，在实际生产中，抗球虫药物主要做预防而不是治疗。

3. 掌握药物的抗虫谱与作用峰期 每一种抗球虫药物都有其各自的抗虫谱，如氨丙啉对盲肠球虫（柔嫩艾美尔球虫）和小肠球虫中的堆型艾美尔球虫作用最强，而对其他球虫的作用较弱。

虽然说抗球虫药物绝大多数作用于球虫的无性周期，但其作用峰期并不相同。一般说来，作用峰期在感染后1~2d的药物其抗球虫作用较弱，多用作预防和早期治疗用；而作用峰期在感染后3~4d的药物，其抗球虫作用较强，多作为治疗作用，如妥曲珠利、磺胺氯吡嗪、磺胺喹噁啉、磺胺二甲氧嘧啶、二硝托胺等。

抗球虫药物的作用峰期不同，还会影响到机体对球虫产生免疫力。作用于第一代裂殖体的药物，会抑制机体对球虫免疫力的产生，所以多用于肉鸡，而蛋鸡和肉用种鸡一般不用或不宜长时间应用，并且对短期上市的肉用仔鸡，均应连续饲喂而绝不可贸然停药。作用于第二代裂殖体的药物，不影响机体产生免疫力，所以可用于蛋鸡和肉用种鸡。

4. 要尽量避免或减少球虫对药物产生耐药性 球虫对所用的抗球虫药均可产生耐药性，有些还发生交叉耐药现象。在具体应用中，为了防止耐药性的产生，可以采用以下几种给药方案。

（1）轮换用药：季节性地或定期地合理变换用药，即每隔3~6个月或在一个肉鸡饲养期结束后，改换一种球虫药。

（2）穿梭用药：即在同一个饲养期内，反复更换抗球虫药，至少每6个月更换抗球虫药1次。在轮换或穿梭用药时，一般先使用作用于第一代裂殖体的药物，再换用作用于第二代裂殖体的药物，这样不仅可减少或避免耐药性的产生，而且可提高药物的防治效果。在更换药物时，不能换用属于同一化学结构类型的抗球虫药，也不要换用作用峰期相同的药物。此外，在换用磺胺类药物时，必须慎重，因为从不含磺胺的饲料换用含磺胺类饲料时，经常发生中毒现象。

（3）联合用药：即在同一个饲养期内合用两种或两种以上抗球虫药物，通过药物间的协同作用，既可延缓耐药虫株的产生，又可增强药效和减少用量。

5. 结合实际，选择合理的给药方法、剂量与疗程 抗球虫药物一般被制成预混剂添加于饲料或饮水中使用，使用时要注意剂量准确及搅拌混合均匀，而且为了取得好的疗效及防止耐药性的产生，用药疗程一定要充足。另外，患球虫病的鸡通常食欲减退或废绝，但饮欲正常或增加，通过饮水给药可使患病鸡只获得足够的药物剂量，所以治疗性用药宜采用混饮给药。同时，还应了解饲料中已添加的抗球虫药物品种，以避免治疗性用药时重复使用，造成药物中毒。

此外，还要注意有些抗球虫药物的推荐剂量与中毒剂量非常接近，如马度米星铵的预防剂量为每千克饲料5mg，而每千克饲料混饲6mg即可引起鸡不同程度的中毒，给鸡饲喂每千克饲料含马度米星铵9mg的饲料可导致死亡。

6. 注意配伍禁忌　有些抗球虫药物与其他药物存在配伍禁忌，如莫能霉素、盐霉素禁止与泰妙菌素并用，否则会造成鸡只生长发育受阻，甚至中毒死亡。

7. 严格遵守有关规定，保障动物性食品消费者的健康　为了避免肉、蛋等动物源性食品中药物的残留，应严格根据我国《动物性食品中兽药最高残留限量》的规定，认真监控抗球虫药物的残留；遵守《中国兽药典——兽药使用指南》关于抗球虫药物休药期的规定以及其他有关注意事项。

二、抗其他原虫药物合理使用的原则

引起鸡只疾病的原虫除球虫外，还包括侵害各种住白细胞原虫、隐孢子虫、毛滴虫、疟原虫、六鞭毛虫和住肉孢子虫等。

由于住白细胞原虫属于孢子虫纲，球虫目，一般对球虫有效的药物对其效果也较好。可选择的药物主要有磺胺类药物等。在使用磺胺类药物时，由于在尿液中易析出磺胺结晶，导致肾脏损伤，因此应在饲料中添加碳酸氢钠，以减少磺胺类药物的结晶形成。为了避免住白细胞原虫耐药性的产生，可联合用药或轮换用药。另外，由于住白细胞原虫寄生于小血管内皮细胞内，可引起血管壁损伤，导致各内脏器官出血，因此要适当使用止血药如维生素K、酚磺乙胺等，以减少出血。同时，为了控制本病，还应加强预防措施，扑灭传播者如蠓等。

组织滴虫病的治疗，可采用的药物主要有甲硝唑等。同时，为了控制本病，应加强饲养管理。由于组织滴虫的主要传播方式是通过异刺线虫虫卵进行，所以定期去除体内的异刺线虫是预防本病的有效措施之一。

为了避免肉、蛋等动物源性食品中药物的残留，应严格根据我国《动物性食品中兽药最高残留量》的规定，认真监控抗原虫药残留；遵守《中国兽药典——兽药使用指南》关于抗原虫药物休药期的规定等。

三、抗蠕虫药物合理使用的原则

抗蠕虫药物是指能去除或杀灭体内寄生蠕虫的药物，又称驱虫药。使用驱虫药驱虫时，根据应用的目的不同，可分为治疗性驱虫和预防性驱虫。治疗性驱虫是一种紧急措施，只有发生寄生虫病时才需进行，以免鸡只因蠕虫危害而死亡；预防性驱虫是根据蠕虫的生物学特点和蠕虫病的流行病学规律，每年在一定时间内进行1～2次驱虫，以免除蠕虫对鸡群的侵袭。在驱虫过程中，对有中间宿主的蠕虫还必须采取综合防治措施，切断终末宿主（鸡群）与中间宿主的接触，从而避免疾病的流行和发展，保证驱虫效果。

要想做到合理使用抗蠕虫药物，更好地控制蠕虫病，还应注意以下几个方面内容。

1. 因地制宜，合理选用 在用药过程中不仅要了解蠕虫的种类、寄生方式、严重程度、流行病学特点等，还要了解不同种属和个体的鸡只对驱虫药的反应，从而才能结合本地区、本养鸡场的具体条件，选用最适当的驱虫药（包括剂型、剂量、用药方法等），达到最佳的防治效果。

2. 注意避免药物中毒事故的发生 一般来说，驱虫药对鸡群都比较安全，但如果用药不当（如剂量过大、疗程过长、用法不当等），对机体会产生一定的有害作用，甚至导致死亡。因此，在应用抗蠕虫药物进行大规模驱虫前，务必选择少数鸡只先进行驱虫试验，以防发生大批中毒。

3. 防止耐药虫株的产生 随着驱虫药的广泛应用，世界各地已发现多种耐药虫株，耐药虫株不仅对某一药物具有耐药性，甚至还能出现交叉耐药现象，给蠕虫病的防治带来很大困难。产生耐药株多与小剂量（低浓度）反复应用和长期应用有关，因此在实际工作中，应经常更换或交替使用不同种类的驱虫药，以减少耐药虫株的产生。

4. 注意动物源性食品中抗蠕虫药物的残留　驱虫药在体内的分布以及在机体组织和动物产品中的残留浓度和持续时间，与动物种类、药物种类以及用药剂量等因素有关。有些驱虫药残留在动物源性食品中能危害人体健康，造成严重的公共卫生危害。因此，为了保证人体健康，避免公害，应该遵守有关药物在动物组织中的最高允许残留限量和休药期的规定，并积极开展兽药残留的检测和监控工作。

四、抗体外寄生虫药物

鸡体外寄生虫大多为蜘蛛纲和昆虫纲的节肢动物，如螨、蜱、虱、蚤、蚊、蝇、虻、蠓等。这些寄生虫寄生于鸡的皮肤和羽毛上，夺取营养，妨碍增重，损坏皮羽，传播疾病，给养鸡业造成巨大损失。因此，选用高效、安全、经济、方便的杀虫药有很重要的意义。

常用的抗体外寄生虫药物主要包括拟除虫菊酯类药物、有机磷类化合物及其他杀虫药物等。一般说来，所有杀虫药物对鸡只机体都有一定的毒性，在选用杀虫药时，要特别注意药物的安全性。首先，应选用适宜的杀虫药，产品的质量要符合兽药典的要求；在临床应用时，除严格掌握剂量、浓度和使用方法（常用的杀灭体外寄生虫方法有喷雾、药浴、沙浴、撒粉及烟雾等）外，还需要加强鸡的饲养管理；大批鸡群灭虫前应做好预试工作，如发生中毒，应立即停药并采取解决措施。

第五节　规模化鸡场保健误区

养鸡场使用药物保健品的目的是提高鸡群的免疫力，降低疾病的发生和流行，减少对环境和人类有害药物的使用，以保证鸡肉、鸡蛋等产品的绿色、天然。通常情况下保健药物具备的主要特性，一是在鸡生产过程中无药物残留，不产生毒副作用，对鸡不构成危害，其产品对人类健康无害，经鸡体代谢后的排泄物对环境没有污染影响；二是具有增强生理功能、机体解毒功能和免疫功能，减少外界有害因素侵扰之功效，从而使鸡群健康生长、发育、繁殖；三是可降低饲料中有害物质在鸡肠道中的吸收，从而减轻对鸡群的危害；四是可帮助鸡只体内建立肠道生态平衡，抑制有害微生物繁殖，提高饲料转化率，维护鸡只体内环境的平衡。

当前兽药市场上，一些不法厂家、商贩，为了达到盈利目的，有意把有治疗作用的兽药当作保健品宣传，误导了养殖户，造成目前抗生素滥用，细菌抗药性增强。如果长此以往，一旦疫病暴发，将无药可用，后果不堪设想。下面介绍几种规模化鸡场保健用药的误区。

一、概念混淆，误将兽药当作保健药物使用

当前有很多从事养鸡业者不清楚兽药和保健药物的区别，动物保健品对动物具有保健功能，能降低外界有害因素侵扰，且无毒副作用。兽药则是指用于预防、治疗、诊断动物疫病为目的的物质。如有些养鸡场（户）偏信兽药商贩的介绍，将抗生素作为保健药物使用，在饲养过程中盲目增加使用剂量和使用时间，导致机体的微生态平衡失调。

消化道的微生物菌群是一个微生态系统，微生物菌群的平衡和完整是机体抗病力的一个重要指标。微生态平衡失调是指正常微生物菌群之间和正常微生物与其宿主（机体）之间的微生态平衡，在外界环境影响下，有生理性组合转变为病理性组合的状态。微生物菌群的变化，尤其是抗生素诱导的变化，使机体抵抗肠道病原微生物的能力降低。同时，还可使其他药物的疗效受到影响，这既影响了机体的健康，还增加了养殖成本。人体长期摄入少量兽用抗微生物药物（兽药残留），也可能引起人体的微生态平衡失调。

二、过度依赖保健品类药物，延误对发病鸡的治疗时机

由于我国动物保健药物起步较晚，加上一些兽药商贩的虚假推销，一些养殖户认为用过保健药物鸡就不会发病，忽视了对养鸡生产

的综合管理，特别是在某些疾病发生的初期没有引起足够重视，延误了最佳治疗时机。而鸡只发病与否取决于多方面的因素，药物保健只是疫病防治措施中的一个方面，用药物保健的目的是减少发病，但不能过分依赖保健药物。

而有些养殖户认为在鸡群发病时使用保健药物后，应立即看到效果（咳嗽、拉稀等症状迅速缓解），才认为保健药有效，结果鸡群越保健越糟糕。原因大多是错误地把治疗性解表药当保健药使用，实际上保健和治疗是有本质区别的，前者侧重治本（从根本上提高机体免疫力），后者侧重解表（缓解症状）。真正的保健药用过后肯定能看到效果（发病率降低、生产性能得到提高等），但需要时间体现。用后体现不出任何效果的保健药则应慎重选择。

三、盲目相信进口动物保健药物

广阔的市场需求极大地吸引了国外动物保健品企业，我国已经成为国外动物保健品企业市场开发的主要对象。自 20 世纪 80 年代中后期以来，几乎全世界各大兽用生物制品公司都打入了我国的市场。虽然发达国家的动物保健品质量一般都比较高，但是，从国外进口的动物保健品鱼龙混杂，良莠不齐，也存在着风险。有的产品还不成熟，有的产品已被禁用，有的产品潜在风险不清，有的产品只是实际应用有效，而对其深层次问题了解不多。特别是由于技术手段等的限制，一些有风险的产品在进口和使用之初，其危害性并不能被充分地认识；对一些产品的毒副作用，利用常规检测方法不能有效鉴别；对其影响的程度，在一定时期内得不到科学的证明；而且在一般情况下，这类产品的危害性并不能被人们及时发现。因此，使用进口动物保健品不仅有很大的盲目性，而且有很大的不确定性。

如饲用微生态制剂，我国除了自行研制生产微生态制剂外，还从国外大量进口微生态制剂与菌种。据有关资料统计，2001 年，我国从日本进口的益生菌类产品酵母菌原种就有 2 400 多吨，目前，估计我国每年仅从日本进口的酵母菌原种就达 3 000 多吨。仅酵母菌这一产品在国内的市场总产值就已接近 30 亿元。而且，市场需求量还在不断增长。与许多新技术一样，微生态制剂也是一把双刃剑。特别是对动物正常及病理状态下肠道微生物菌群结构和特性的研究还不多，对肠道微生物与寄主之间的相互作用认识还比较少，对大多数菌种特异的作用、完整的代谢循环及其在代谢循环过程中产生负性突变的因素还没有清晰的认识，也并不是所有的微生态制剂都是绝对安全的。特别是有的微生态制剂中含有的抗药因子可以通过基因物质的交换转移到正常的肠道菌群中，其结果将会和滥用抗生素一样，可能制造出任何药物都无法消灭的“超级细菌”，将会给人类与动物造成更大的威胁。近几年来频繁从临床感染的组织中分离出益生菌菌株，已经引起了对这些菌株安全性的质疑。因此，盲目进口和使用饲用微生态制剂都可能带来风险。

四、随意使用保健药物，没有计划性和系统性

有些养鸡场（户）平时不做系统保健，往往是鸡群中个别鸡只出现明显症状时才想到保健。而鸡只出现症状往往表明鸡群已经处于隐性感染或亚临床状态，这时应该采取治疗措施防止病情蔓延，发病时再保健是出力（物力、财力）不讨好的事，难以起效。

未掌握用药的3R原则（合适的时间将合适的药物用在合适的鸡只身上），乱用保健药物。要么在饲料中一直添加抗生素或提高免疫力的药物，要么是干脆什么药也不用，走极端，这样的鸡场在保健用药时经常会出现问题。

随意药物保健，想起来或有疫情威胁时才做保健，这样是不会起到或看到明显效果的。保健是个系统工程，只有将保健贯穿整个养鸡生产过程中才会明显降低鸡群发病率，才会系统改善鸡只生产性能。

五、忽视饲养管理和环境方面的因素

药物的作用是通过动物机体来表现的，因此机体的功能状态与药物的作用有密切关系。使用保健药物的目的是提高机体的免疫功能和生产性能，比如免疫增强剂可提高机体网状内皮系统的吞噬能力，而对于引发疾病的病原体，其最后的消除还要依靠机体的防御机制。所

以，机体的健康状态对药物的效应可以产生直接或间接的影响。有些养鸡场（户）不重视生产管理，将疾病防控的希望寄托于使用保健药物，花费了大量人力、财力，也不能达到良好的效果。

鸡群的健康主要取决于饲养和管理水平。饲养方面要注意饲料营养全面，根据鸡群不同生长时期的需要合理调配日粮的成分，以免出现营养不良或营养过剩。管理方面应考虑鸡群的大小，防止饲养密度过大，房舍的建设要注意通风、采光和鸡只活动的空间，要为鸡群的健康生长创造良好的条件。

药物的作用又与鸡群饲养管理等外界环境因素有着密切的关系。环境因素包括温度、湿度、时间和饲养管理条件等，这些因素使鸡群对药物的敏感性可能增高，而有些可能降低。

第五章　规模化鸡场环境控制技术

第一节　规模化鸡场环境控制的意义

在养鸡生产中，鸡生活的环境、品种、饲料共同决定了其生产力水平，其中25% ~30%取决于环境条件，20% ~30%取决于鸡的品种，40% ~50%取决于饲料。适宜的环境是提高鸡生产力水平的必要条件。优良品种、全价饲料、严格的防疫制度，只有在良好的环境条件下才能充分发挥作用，因此，通过科学地设计牧场，采用合理的生产工艺、运用工程手段或设施设备为鸡创造适宜的环境条件，是非常必要的。随着工厂化、集约化现代养鸡业的发展，鸡逐渐失去了自己选择适宜环境的自由，人为的为鸡提供适宜的环境将日益显现出重要性。目前发展现状表明：养鸡业集约化程度越高，环境的制约作用越大；生产规模越大，对环境的要求也越高。也就是说，没有环境的良好控制，就不会有养鸡生产的现代化与集约化。

第二节　规模化鸡场环境指标要求

一、温度指标要求

1. 雏鸡

（1）蛋雏鸡：蛋雏鸡的适宜温度及极限值如表5.1所示。

在生产中，为防止初生雏鸡发生鸡白痢，常将0 ~3 日龄的温度控制在38 ~37℃，4 ~7 日龄的温度控制在37 ~36℃，以后每周降

2～3℃。降温速度取决于雏鸡的健康情况和季节，鸡只健壮，外界温度较高，降温可快些；否则，应慢些。

表 5.1　蛋雏鸡育雏期的适宜温度及其高低极限值

周龄		0～3 日龄	4～7 日龄	2 周	3 周	4 周	5 周	6 周
适宜温度（℃）		38～37	37～36	33～30	28～26	26～24	24～21	21～18
极限值	高温（℃）	38.5	38	34.5	33	31	30	29.5
	低温（℃）	27.5	21	17	14.5	12	10	8.5

（2）肉仔鸡：肉仔鸡的理想温度，入舍第 1～2d 35～36℃，3～7d 34～32℃，第二周 27～29℃，第三周 24～26℃，第四周 21～23℃，此后以 18～21℃为好。

2. 育成鸡　理想的温度为 15～28℃。

3. 产蛋鸡　产蛋的适宜温度为 12～25℃。

二、湿度指标要求

雏鸡舍：相对湿度为 60%～75%；其他鸡舍：相对湿度为 50%～75%。

三、风速指标要求

1. 夏季风速　尽可能大些，最好大于 0.6 m/s。

2. 春秋季风速　可保持在 0.3～1.0 m/s。

3. 冬季风速　舍内可保持在 0.1～0.2 m/s，但不能超过 0.25 m/s。

四、光照指标要求

1. 蛋用型鸡光照要求　一周内：光照时间 23～24 h/d，光照强度 30lx；2～7 周龄：光照时间，恒定光照（≤12h/d）或自然光照，光照强度 5～10lx；8～17 周龄：光照时间，恒定短光照（≤10h/d）或渐减光照，光照强度 5～10lx；18～25 周龄：光照时间，将光照时间逐渐延长到 16 h/d，光照强度 10～20lx；26 周龄后：光照时间，恒定在 16h/d，光照强度 10～20lx。

2. 肉仔鸡光照要求　光照时间，23～24 h/d 或 1～2h 照明，2～

4h 黑暗的间歇光照，光照强度，除第一周为 20 ~ 30lx 外，其余时间为 5 ~ 10lx。

五、声音指标要求

声音强度不要超过 85dB，防止突然的噪声。

六、有害气体

我国鸡场环境质量标准（NY/T 388—1999）规定，鸡舍内氨的最高浓度分别为：雏鸡舍 10mg/m^3，成鸡舍 15mg/m^3；硫化氢的最高浓度分别为：雏鸡舍 2mg/m^3，成鸡舍 10mg/m^3；鸡舍内二氧化碳的最高浓度为 2 947mg/m^3。

七、水环境指标要求

水环境指标要求见表 5.2。

表 5.2　生活饮用水水质标准

序号	项目	标准
	感官性状指标	
1	色	色度不超过 15 度，并不得呈现其他异色
2	混浊度	不超过 5 度
3	臭和味	不得有异臭、异味
4	肉眼可见物	不得含有
	一般化学指标	
5	pH	6.5 ~ 8.5
6	总硬度（以 $CaCO_3$ 计）	450mg/L
7	铁	0.3mg/L
8	锰	0.1mg/L
9	铜	1.0mg/L
10	锌	1.0mg/L
11	挥发酚类（以苯酚计）	0.002mg/L
12	阳离子合成洗涤剂	0.3mg/L

续表

序号	项目	标准
	一般化学指标	
13	硫酸盐	250mg/L
14	氯化物	250mg/L
15	溶解性总固体	1 000mg/L
16	硝酸盐（以氮计）	20mg/L
	毒理学指标	
17	氟化物	1. 0mg/L
18	氰化物	0. 05mg/L
19	砷	0. 05mg/L
20	硒	0. 01mg/L
21	汞	0. 001mg/L
22	镉	0. 01mg/L
23	铬（六价）	0. 05mg/L
24	铅	0. 05mg/L
25	银	0. 05mg/L
26	氯仿	60μg/L
27	四氯化碳	3μg/L
28	苯并（α）芘	0. 01μg/L
29	滴滴涕	1μg/L
30	六六六	5μg/L
	细菌学指标	
31	细菌总数	100mL/个
32	总大肠菌群	3 个/L
33	游离性余氯	在接触 30min 后应≥0. 3mg/L，管网末梢水≥0. 05mg/L
	放射性指标	
34	总 α 放射性	0. 1Bq/L
35	总 β 放射性	1Bq/L

第三节 规模化鸡场环境调控技术

一、鸡舍的防寒保暖

低温寒冷对养鸡业极为不利。在我国东北、西北、华北等寒冷地区，冬季气温低，持续期长，四季及昼夜气温变化大，对鸡生产影响很大，尤其是雏鸡，由于其热调节功能尚不完善，对低温极其敏感，故在冬季比较寒冷的地区，必须采取有效的防寒保暖措施，主要包括鸡舍保温设计、加强鸡舍防寒管理和鸡舍的供暖等。

1. 鸡舍保温设计 加强鸡舍的保温设计，以提高鸡舍的保温能力，较之鸡大量消耗饲料能量以维持体温或通过采暖以维持舍温更为经济有效。根据地区气候差异和鸡种气候生理的要求，选择适当的建筑材料和合理的鸡舍外围护结构，是鸡舍保温防寒的根本措施。

（1）选择有利于保温的鸡舍建筑形式和朝向。鸡舍形式与保温有密切关系，设计鸡舍形式时，应考虑冬季寒冷程度，饲养鸡的种类、饲养阶段和饲养工艺，如严寒地区宜选择无窗密闭式鸡舍，有利于保温和便于机械化操作；大跨度鸡舍因外围护结构面积相对较小，有利于冬季保温；鸡舍朝向不仅影响采光，且与冷风侵袭有关。寒冷地区由于冬春季多偏西或偏北风，故鸡舍以南向为好。

（2）加强屋顶和天棚的保温隔热设计。在鸡舍外围护结构中，屋顶与天棚散失热量最多。一方面是由于其面积较大；另一方面是舍内热空气上升，在屋顶和天棚处聚集，内外温差较大，使热量容易通过屋顶散失。为了充分利用鸡产生的热能，将其保存在舍内以提高舍温，加强屋顶和天棚的保温隔热设计，对减少鸡舍热量散失、提高舍内温度具有十分重要的意义。

为了减少舍内热量通过屋顶散失，比较有效的方式就是提高屋顶的热阻，减少屋顶与外界的热量交换。通常可以采用加厚保温层，或选择导热系数小的保温材料来改善屋顶的保温性能。但保温层厚度增加，荷载也随之增加，所以应选用轻质、导热系数小、吸水率低、可长期使用、性能稳定的材料作为屋面保温层。屋面保温材料一般为轻质多孔材料，分为三种类型：一种是松散保温材料，常用的有膨胀蛭石（粒径3～15mm）、膨胀珍珠岩、矿棉、炉渣等；第二种是整体保温材料，常用水泥或沥青等胶结材料与松散保温材料拌和，整体浇筑。如水泥炉渣、沥青膨胀珍珠岩、水泥膨胀蛭石等；第三种是板状保温材料，如加气混凝土板、泡沫混凝土板、膨胀珍珠岩板、膨胀蛭石板、矿棉板、岩棉板、泡沫塑料板、木丝板、刨花板、甘蔗板等。

在寒冷地区，天棚是一种重要的防寒保温结构，设置天棚可在屋顶与鸡舍空间之间形成一个相对静止的空气缓冲层，由于空气具有良好的绝热特性，可大大提高屋顶的保温能力。天棚可采用炉灰、锯末、玻璃棉、膨胀珍珠岩、矿棉等材料铺设成一定厚度，以有效提高屋顶的热阻值。

屋顶、天棚必须严密、不透气，否则会破坏缓冲层空气的稳定性，而且水汽容易侵入，使保温层变潮或在屋顶处形成挂霜、结冰，使屋顶导热性加大，不但降低了屋顶的保温性能，而且对建筑物也有一定的破坏作用。

随着建材工业的发展，许多新型材料也逐渐应用到鸡舍的外围护结构中，如玻璃棉、聚苯乙烯泡沫塑料等，已在鸡舍屋顶和天棚中得以应用，这些新型材料质量轻、热阻大、保温效果好，使得屋顶保温能力进一步提高，为解决寒冷地区冬季保温问题提供了可能。

另外，在寒冷地区设置天棚可降低鸡舍净高，有助于改善舍内温度状况。寒冷地区趋向于采用2～2.8m的净高。

（3）加强墙壁的保温隔热。墙壁是鸡舍的主要外围护结构，散失热量仅次于屋顶。因此，在寒冷地区为营造符合鸡需要的适宜环境，必须加强墙壁的保温设计。为提高鸡舍墙壁的保温能力，可根据应有的热工指标，通过选择导热系数小的材料，确定最合理的隔热结构和精心施工等来加以实现。如选空心砖代替普通红砖，墙的热阻值可提高41%。而用加气混凝土块，则热阻可提高6倍。采用空心墙体或在空心中充填隔热材料，也会大大提高墙的热阻值。如果施工不合理，则往往会降低墙体的热阻值，如由于墙体透气、变潮都可导致对流和传导散热的增加，降低保温隔热效果。

目前，一些新型材料也应用到鸡舍的墙体中，如国外广泛采用的以玻璃棉为隔热材料的墙体总厚度不到12cm，但总热阻值可达3.81。其外侧为波型铝板，内侧为防水胶合板（厚10mm）；在防水胶合板的里面贴一层厚0.1mm的聚乙烯防水层，铝板与胶合板间充以100mm厚玻璃棉。该墙体具有导热系数小、不透气、保温隔热好等特点，经过防水处理，克服了吸水和透气的缺陷。国内近年来也研制了一些新型经济的保温材料，如全塑复合板、夹层保温复合板等，除了具有较好的保温隔热特性外，还有一定的防腐、防燃、防潮、防虫功能，比较适合于周围非承重结构墙体材料。此外，由聚苯板及无纺布作基本材料经防水强化处理的复合聚苯板，其导热系数为0.033～0.037，可用于组装式拱形屋面和侧墙材料。

墙壁较高时，冬季向外传递的热量增多，且舍内空气容量大，需温热的空气量多，因而，在满足生产和管理要求的情况下，尽量降低墙高。

（4）门、窗的设计。门、窗的热阻值较小，同时门窗开启及缝隙会造成冬季的冷风渗透，失热量较多，对防寒保温不利。所以在寒冷地区，门窗应在满足通风和采光的条件下，尽量少设。北侧和西侧冬季迎风，应尽量不设门，北侧窗面积也应酌情减少，一般可按南窗面积的1/4～1/2设置。必要时鸡舍的窗也可采用双层窗或单框双层玻璃窗，门外设置门斗。

（5）加强地面的保温。与屋顶、墙壁比较，地面散热量在整个外围护结构中虽位于最后，但在地面平养时，由于鸡直接在地面上活动休息，所以鸡舍地面的保温隔热性能直接影响鸡的体温调节，因此地面的保温很重要。实际生产中，可以在混凝土地面上铺设垫料，也可通过铺设保温地面以提高地面保温性能。如在英国广泛采用的鸡舍隔热地面，如图5.1所示。

其主要结构是：上层是导热系数小的空心砖，其下是蓄热性大的混凝土，再下是导热系数比较小的夯实素土。鸡体与地面接触后，首先接触的是只有很薄一层抹灰的空心砖，由于其导热系数小，鸡体失

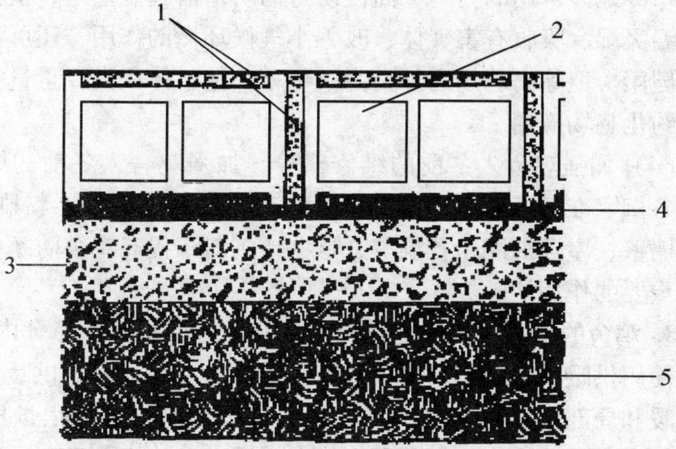

图 5.1　空心砖隔热地面

1. 水泥砂浆　2. 空心黏土砖　3. 混凝土　4. 油毡或沥青防潮层　5. 夯实素土

热少。鸡体传导给空心砖的热量通过空心砖传到混凝土层，因其蓄热性强，被蓄积起来，当要放散时，因混凝土上下均是导热系数小的材料（空心砖和夯实素土），因而受到阻碍，所以地面温度比较稳定。这种隔热地面，取材方便、施工也不复杂，但效果很好，值得借鉴。

2. 加强鸡舍的防寒管理　加强防寒管理的措施主要是：

（1）增加饲养密度。在不影响饲养管理及舍内卫生状况的前提下，适当增加舍内鸡的饲养密度，等于增加热源，这是一项行之有效的辅助性防寒保温措施。

（2）除湿防潮。水的导热系数为空气的 25 倍，因而潮湿的空气、墙壁、地面、天棚等的导热系数往往要比干燥状态的空气、墙壁等的导热系数增大若干倍。也就是说，鸡舍内空气中水汽含量增高，会大大提高鸡体的辐射、传导散热；墙壁、地面、天棚等变潮湿都会降低鸡舍的保温能力，加剧鸡体热的消耗。因此，一切可以使舍内干燥的措施都是间接保温的有效方法。所以，在寒冷地区设计、修建鸡舍不仅要采取严格的防潮措施，还要及时清除粪尿，防止饮水器漏水，减少洗涮用水，以减少水汽产生，防止鸡舍过冷。

（3）使用垫草、垫料。利用垫草、垫料改善鸡体周围小气候，是在寒冷地区常用的另一种简便易行的防寒措施。垫草、垫料不仅具有保温吸湿、吸收有害气体、改善小气候环境的作用，还可保持鸡清洁、健康。但除肉鸡场之外，由于垫草、垫料体积大，重量大，很难在集约化鸡场应用。

（4）加强鸡舍入冬前的维修保养。加强鸡舍入冬前的维修保养和越冬御寒准备工作，包括封门、封窗，设置挡风障、粉刷、抹墙、堵塞墙壁、屋顶缝隙、孔洞等，这些措施对于提高鸡舍防寒保温性能都有重要的作用。

3. 鸡舍的供暖　若靠建筑保温及防寒管理难以保障舍内温度时，必须使用供暖设备进行供暖，尤其是雏鸡舍。目前鸡舍供暖方式有集中采暖和局部采暖等。集中采暖是通过一个热源（如锅炉房）将热媒由管道送至各房舍的散热器（暖气片等），对整个鸡舍进行全面供暖，使舍温达到适宜的程度。局部采暖则由火炉（包括火墙、地龙等）、电热器、保温伞、红外线、灯泡等就地产生热能，供给一个或几个鸡栏。鸡舍采用的采暖方式应根据鸡的需求、能源消耗及设备投资等综合考虑和确定，经过经济效益分析，选定最佳的方案。常用的采暖方式主要有以下几种：

（1）热风采暖：热风采暖有热风炉式采暖、暖风机采暖和太阳能空气加热采暖。

热风炉式采暖由通风机、加热炉和送风管道组成，风机将热风炉加热的空气通过管道送入鸡舍，属于正压通风。

暖风机采暖的加热器有蒸汽（或热水）加热器和电加热器两种。暖风机有壁装式和吊挂式两种形式，前者常装在鸡舍进风口上，对进入鸡舍的空气进行加热处理；后者常吊挂在鸡舍内，对舍内的空气进行局部加热处理。也有将空气加热由风机经风管送入鸡舍的，此加热器还可以通过深层地下水用于夏季降温。

太阳能空气加热采暖是利用太阳辐射能来加热进入鸡舍空气的设备，是鸡舍冬季采暖经济而有效的装置，相当于民用太阳能热水器，但投资大，供暖效果受天气状况影响，在冬季的阴天，几乎无供暖效果。

热风采暖除太阳能空气加热采暖外，一般设备投资低，可与冬季通风相结合。在为鸡舍提供热量的同时，也提供了新鲜空气，降低了能源消耗；热风进入鸡舍可以显著降低鸡舍空气的相对湿度；便于实现自动控制。热风采暖系统的最大缺陷就是不宜远距离输送，这是因为空气的贮热能力很低，远距离输送会使温度递降很快。热风采暖主要有热风炉式、空气加热器式和暖风机式三种。

热风采暖时，送风管道直径及风速对采暖效果有很大影响。管径过大或管内风速过小，采暖成本增加；相反，管径过小或管内风速过大，会加大气体在管内的流动阻力，增加电机耗电量。通常要求送风管内的风速为 2 ~ 10m/s。

热空气从侧向送风孔向舍内送风，可使鸡活动区温度和气流比较均匀，且气流速度不致太大。送风孔直径一般取 20 ~ 50mm，孔距为 1. 0 ~ 2. 0m。为使舍内温度更加均匀，风管上的风孔应沿热风流动方向由疏而密布置。

采用热风炉采暖时，应注意：每个鸡舍最好独立使用一台热风炉；排风口应设在鸡舍下部；对人字形屋架结构鸡舍，应加吊顶；对于双列及多列布置的鸡舍，最好用两根送风管往中间对吹，以确保舍温更加均匀；采用侧向送风，使热风吹出方向与地面平行，避免热风直接吹向鸡体；舍内送风管末端不能封闭。

（2）热水散热器采暖。主要由热水锅炉、管道和散热器三部分组成。我国采暖工程中常用的散热器一般为铸铁或钢，按其形状可分为管型、翼型、柱型和平板型四种。其中铸铁柱型散热器传热系数较大，不易集灰，比较适合于鸡舍使用。散热器布置时应尽可能使舍内温度分布均匀，同时考虑到缩短管路长度。散热器可分成多组，每组片数一般不超过 10 片。柱型散热器因只有靠边两片的外侧能把热量有效地辐射出去，应尽量减少每组片数，以增加散热器有效散热面积。散热器一般布置在窗下或喂饲通道上。

（3）热水管地板采暖。热水管地板采暖在国外养鸡场中已得到普遍应用。即将热水管埋设在鸡舍地面的混凝土层内或其下面的土层中，热水管下面铺设防潮隔热层以阻止热量向下传递。热水通过管道将地面加热，为鸡生活区域提供适宜的温度环境。采暖热水可由统一的热水锅炉供应，也可在每个需要采暖的舍内安装一台电热水加热器。水温由恒温控制器控制，温度调节范围为45～80℃。

（4）局部采暖。局部采暖主要用于雏鸡保温，可通过火炉、火炕、火墙、烟道以及电热保温伞、红外加热设备、热风等对局部区域实施供暖。图5.2所示的就是一种电热保温伞，伞内有照明灯。利用保温伞育雏，一般每800～1 000只雏鸡一个。

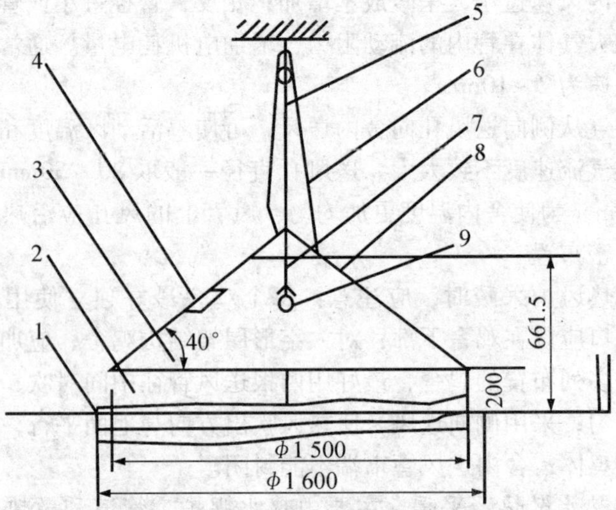

图5.2　电热保温伞示意图（单位：mm）

1. 保温地面　2. 保温区　3. 保温伞与地面夹角　4. 观察孔
5. 电源线　6. 吊线　7. 照明灯头　8. 保温伞罩　9. 灯泡

二、鸡舍的防暑降温

从生理角度看，鸡一般比较耐寒而怕热，高温对年龄较大的鸡健康和生产力产生的危害比低温还大。近年来，在养鸡生产中，国内外均采取措施消除或缓和高温对鸡所产生的有害影响。鸡舍的防暑降温主要采取加强鸡舍外围护结构的隔热设计和防暑降温等措施来实现。

1. 鸡舍外围护结构的隔热设计　夏季舍内温度过高的一个重要原因在于外围护结构的隔热性能差。加强鸡舍外围护结构的隔热设计，可有效防止或削弱高温与太阳辐射对舍温的影响。

（1）屋顶隔热设计：在炎热地区，由于太阳辐射强度大，气温高，屋面温度可达 60～70℃。可见屋顶隔热好坏，对舍温控制影响很大。对屋顶进行隔热设计时可以从三个方面进行考虑：

1）选用隔热性能好的材料，旨在提高结构的热惰性，从而使屋顶表面平均温度及温度波动范围降低。选用导热系数较小、蓄热性好的材料，可以增大屋顶结构的热阻和热稳定性，使屋顶除了有足够大热量衰减外，还使其延迟时间更长，使鸡舍外围护结构内表面温度的峰值比舍外综合温度峰值滞后的时间可延长至舍外温度开始明显降低的时候。如舍外综合温度峰值一般出现在 13～14 时，通过合理的设计则可使舍内温度峰值出现在 23～24 时。

2）充分利用空气的隔热和流动特性。空气用于屋面隔热时，通常采用通风屋顶（图 5.3）来实现。所谓通风屋顶，是将屋顶做成两层，间层中的空气可以流动，上层接受太阳辐射热后，间层空气升温变轻，由间层上部开口流出，外界较冷空气由间层下部开口流入，如此不断把上层接受的太阳辐射热带走，大大减少经下层向舍内的传热，此为靠热压形成的间层通风。在外界有风的情况下，空气由迎风面间层开口流入，由上部和背风侧开口流出，不断将上层传递的热量带走，此为靠风压的间层通风，大大减少了通过屋顶下层传入舍内的热量。一般间层适宜的高度：坡屋顶可取 120～200mm，平屋顶可取 200mm 左右。为了保证通风间层隔热良好，要求间层内壁必须光滑，以减少空气阻力，同时进风口尽量与夏季主风方向一致，排风口应设在高处，以充分利用风压与热压。

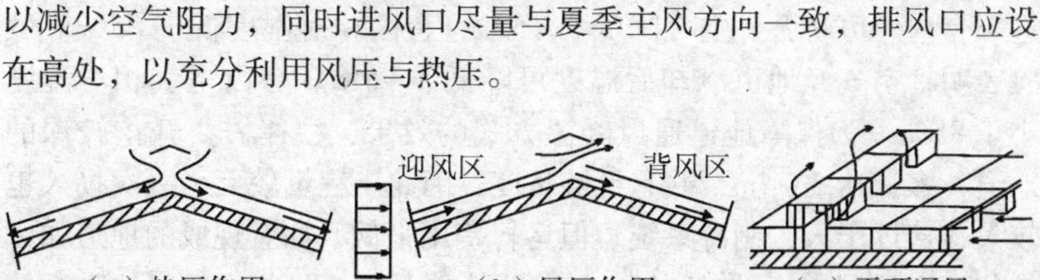

（a）热压作用　（b）风压作用　（c）平顶通风

图 5.3　通风屋顶

夏热冬冷地区不宜采用通风屋顶，因冬季会促使屋顶散热不利于保温。但可以采用双坡屋顶设置天棚，在两山墙上设风口，夏季也能起到通风屋顶的部分作用，冬季可将山墙风口堵严，以利于天棚保温。

3）增强屋顶反射，目的是为了减少太阳辐射热。舍外表面的颜色深浅和光滑程度，决定其对太阳辐射热的吸收与反射能力。色浅而平滑的表面对辐射热吸收少而反射多；反之则吸收多而反射少。深黑色、粗糙的油毡屋顶，对太阳辐射热的吸收系数值为0.86；红瓦屋顶和水泥粉刷的浅灰色光平面为0.56；而白色石膏粉刷的光平面仅为0.26。由此可见，采用白色或浅色、光平面屋顶，可减少太阳辐射热向舍内传递，是有效的隔热措施。

（2）墙壁隔热设计：要使墙壁具有一定的隔热能力，宜采用热惰性指标较大、热稳定性较好的材料，如聚氨酯夹芯板，并保持适当的厚度，另外，在满足生产管理的前提下，适当降低墙壁高度和墙壁上的窗户面积，也有较好的效果。

2. 鸡舍的降温措施

（1）通风降温。夏季，有效的通风可以排除鸡舍内的热量，对降低舍内温度有较好的作用。当外界气温不太高时，通风不仅可以将污浊气体排出室外，而且可将舍外凉爽的新鲜空气引入室内，但空气温度在30℃以上时，单靠通风的降温效果就较差，所以高温时就应考虑先将空气冷却后再送入鸡舍。如利用地下管道、地道及自然洞穴进行通风降温，舍外空气可以先进入地下管道、地道或自然洞穴，再进入舍内，可将舍外空气降低3～5℃，舍内相对湿度低于85%。试验表明，空气经地道冷却后温度可降低3～5℃，舍内空气相对湿度小于85%。为保障地道通风降温方式的效果，往往需要开挖较深的地道，多深达3～4m，并有足够长度，因此工程量较大，一次投入也较大，接近于人工制冷系统，但运行费用很低，如有现成的地道如废矿井、天然洞穴等可以利用，则会大大降低一次性投入，且这种系统还可兼有冬季取暖的作用，减少舍内的四季温度变化。

（2）蒸发降温。利用水从液态转化为气态时大量吸收热量的原理，将冷却水喷洒于空气和物体（包括鸡体）表面，当水从液态转化为气态时吸收鸡或空气中的大量热量而降低鸡体表面或环境温度。因此，蒸发降温分以下几种方式：

1）喷雾（淋）降温。喷雾降温设备喷出的雾状细小水滴（直径小于100μm）蒸发，大量吸收空气中的热量，使空气温度得到降低。采取喷雾降温时，水温越低，降温效果越好；空气越干燥，降温效果也越好。喷雾降温具有投资低、适应范围广，还可以辅助消毒等优点，但能使空气湿度提高。喷雾降温的效果与空气湿度关系很大，当舍内相对湿度小于70%时，采用喷雾降温，可使气温降低3～4℃。当空气相对湿度大于85%时，喷雾降温效果并不显著，故在湿热天气和地区不宜使用。

2）湿垫风机降温系统。湿垫风机降温系统一般由湿垫（湿帘）、风机循环水路和控制装置组成。这种降温系统工作中先由水泵将水箱中的水经过上水管送至喷水管中，喷水管的喷水孔把水喷向反水板（喷水孔要面向上），从反水板上流下的水再经过特制的疏水湿帘确保水均匀地淋湿整个降温湿帘墙，从而保证与空气接触的湿帘表面完全湿透。剩余的水经集水槽和回水管又流回到水箱中。安装在鸡舍另一端的轴流风机向外排风，使舍内形成负压区，舍外空气穿过湿垫被吸入舍内。空气通过湿润的湿帘表面导致水分蒸发而使温度降低，湿度增大。

湿垫风机降温系统在鸡舍中的试验表明，可使舍温降低5～7℃，在舍外气温高达35℃时，舍内平均温度不超过30℃。湿帘可以用麻布、刨花或专用蜂窝状纸等吸水、透风材料制作。

湿帘应安装在迎着夏季主导风向的墙面上，以增加气流速度，提高蒸发降温效果。在布置湿垫时，应尽量减少通风死角，确保舍内通风均匀，温度一致。

湿帘风机降温系统的降温效果主要与湿帘厚度、面积以及空气温度有关，增大湿帘厚度，气流经过时与其接触时间长，有利于提高蒸发降温效率。但过厚的湿帘使气流所受阻力增大，进而使空气流量相对减少，同时空气经过这一厚度时，蒸汽压力差减少，使其蒸发量增加缓慢甚至不能增加。因此合适的湿帘厚度是本系统设计的关键。干燥地区因空气相对湿度低，增加湿垫与气流的接触时间会使蒸发量增加，有利于提高蒸发降温效率，因此可选择较厚的湿垫。潮湿地区的空气相对湿度高，延长接触时间也不会使蒸发量增加多少，反而会使气流阻力增加许多，故厚度应适当减小。进行系统设计时，可参照供货商所提供的规格进行，一般情况下，湿帘厚度以 100～300mm 为宜。湿帘的总面积根据下式计算：

$$F_{湿帘}=\frac{L}{3\ 600v}$$

式中：$F_{湿帘}$——湿帘的总面积（m^2）；

L——鸡舍夏季所需的最大通风量（m^3/h）；

v——空气通过湿帘时的流速（湿帘的正面速度或称为迎风速度，m/s）。

一般取湿帘的正面速度 $v=1.0\sim1.5m/s$。潮湿地区取较小值，干燥地区取较大值。与系统配套的水箱容积按每平方米湿垫 30L 计算，正常情况下 1.5m^3 即能满足要求。

湿帘安装和使用应注意以下几点：

A. 湿垫底部要有支撑，其面积不少于底部面积的 50%，底部不得浸渍于集水槽中。

B. 若安装的位置能被鸡触及，则必须用粗铁丝网加以隔离。

C. 应使用 pH 值在 6～9 的水。

D. 应当使用井水或自来水，不可使用未经处理的地面水，以防止藻类的滋生。

E. 至少每周彻底清洗一下整个供水系统。

F. 在不使用时要将湿垫晾干（停水后 30min 再停风机即可晾干湿垫）。

G. 当舍外空气相对湿度大于 85% 时，停止使用湿垫降温。

H. 不可用高压水或蒸汽冲洗湿垫，应该用软毛刷上下轻刷，不要横刷。

（3）机械制冷机降温：贮存在高压密闭循环管中的液态制冷剂（常用氨或氟利昂），在冷却室中汽化，吸收大量热量，然后在制冷室外又被压缩为液态而释放出热量，实现了热能转移而降温。由于这种降温方式不会导致空气中水分的增减，故和干冰（液态 CO_2）直接降温统称为“干式冷却”。用机械制冷法降温效果最好，但成本很高，因此，目前仅在少数种鸡舍、种蛋库、鸡产品冷库中应用。

3. 遮阳与绿化

（1）遮阳：遮阳是指阻挡太阳光线直接进入舍内的措施。遮阳后和遮阳前所透进鸡舍太阳辐射热量的百分比，叫作遮阳的“太阳辐射透过系数”。试验证明，通过遮阳可使在不同方向上通过外围护结构传入舍内的热量减少 17% ~35%。不同的遮阳形式，其效果有显著的差异。

1）挡板遮阳：挡板遮阳能够遮挡正面射到窗口的阳光，适用于对东、西向或接近东、西向的窗口遮阳。当用挡板对西向窗口遮阳时，太阳辐射透过系数为 17%。

2）水平遮阳：水平遮阳是用以阻挡来自窗口上方来的阳光，适用于南向及接近南向的窗口，也适用于北回归线以南的北向及接近北向的窗口。当对南向窗口遮阳时，太阳辐射透过系数为 35%。

3）综合式遮阳：综合式遮阳能同时遮挡窗口上方（水平挡板）和左右两侧（垂直挡板）射来的阳光，这种方式适用于南向、东南向、西南向以及接近此朝向的窗口。当对西南向窗口进行综合式遮阳时，太阳辐射透过系数为 26%。

可见，在炎热地区采取遮阳措施是鸡舍防暑降温的有效措施，但是，遮阳往往与采光通风矛盾，应全面考虑。

（2）绿化：绿化除了具有净化空气、防风、美化环境等作用外，还能够吸收太阳辐射，改善鸡场的温度、湿度、气流等小气候状况。绿化也能起到遮阳的作用，草地上的草可遮挡 80% 的太阳光，茂盛的树木能挡住 50% ~90% 的太阳辐射热。绿化了的地面比裸地的辐射热低 1/15 ~1/4。因此，绿化可使建筑物和地表面温度显著降低。植物还可以通过自身的蒸腾作用和光合作用，大量吸收太阳辐射热，对周围的空气进行“冷却”。此外，通过植物根部所保持的水分，可以从地面吸取大量热能而降温，从而使其周围的空气和地表温度得到降低，绿地夏季气温比非绿地低3～5℃。植树和绿化使辐射到外墙、屋面和门、窗的热量减少，并通过树木遮阳阻挡住阳光透入舍内，降低了舍内温度。在冬季，绿化还能降低昼夜温差。绿地的平均温度及最高温度均比没有树木低，但最低温度较高，因而缓和了冬季严寒时的温度日较差，气温变化不致太大。

4. 降低饲养密度 适当降低鸡饲养密度也可缓和夏季舍内过热，对防暑降温有一定的作用。

三、鸡舍的防潮防燥措施

1. 鸡舍的防潮措施 ①将场址选择在地势高燥、排水好的场地；②对于已建成的鸡舍待其充分干燥后再使用；③生产中尽量减少用水，及时清除粪尿污水；④冬季舍内应合理地通风，在保证舍温的情况下，尽可能多地排出水汽；⑤使用干燥垫料吸附水汽。

2. 鸡舍的防燥措施 可向鸡舍洒水、喷水，也可经常淋湿放置在舍内的麻袋片。

四、鸡舍通风换气的控制

1. 鸡舍通风换气的要求 鸡舍的通风换气是改善鸡舍小气候的重要措施，其方式有自然通风和机械通风，通风换气的效果直接影响鸡舍空气的温度、湿度及空气质量。

鸡舍的通风换气一般以通风量和风速来衡量，组织鸡舍通风换气，应满足下列要求：

（1）排除鸡舍内多余的水汽，使空气中的相对湿度保持在适宜状态，防止水汽在物体表面凝结。

（2）减少鸡舍空气中的微生物、灰尘及鸡舍内产生的氨、硫化氢和二氧化碳等有害气体。

（3）要求鸡舍内气流稳定、均匀、无死角、不形成贼风。

（4）维持适宜气温，不使其发生剧烈变化。

2. 鸡舍通风换气量的确定 确定合理的通风换气量是组织鸡舍通风换气最基本的依据。通风换气量的计算可以根据鸡舍内产生的二氧化碳、水汽、热能计算，但通常是根据鸡舍通风换气的参数来确定。

（1）根据通风换气参数来确定通风换气量。通风换气参数是鸡舍通风设计的主要依据，表 5.3 是各种鸡舍的通风换气量技术参数，供参考。

表 5.3　鸡舍的通风换气量技术参数

鸡舍	换气量 [m^3/(h · kg)]			气流速度（m/s）		
	冬季	过渡季	夏季	冬季	过渡季	夏季
成年蛋鸡舍	0.7		4.0	<0.2	<0.6	>0.8
蛋用育雏育成鸡						
1～6 周龄	0.9		5.0	<0.2	<0.5	<0.8
7～17 周龄	0.75		5.0	<0.2	<0.5	>0.8
肉仔鸡	0.9		5.5	<0.2	<0.5	>0.8
1～3 周龄	0.9		5.5	<0.2	<0.5	<0.8
4～6 周龄	0.9		5.5	<0.2	<0.5	>0.5

通常，在生产中把夏季通风量叫作鸡舍最大通风量，把冬季通风量叫作鸡舍最小通风量。鸡舍在采用自然通风系统时，在北方寒冷地区应以最小通风量，即冬季通风量为依据确定通风管面积。而采用机械通风，必须根据最大通风量，即夏季通风换气量确定总的风机风量。

（2）根据二氧化碳计算通风换气量。二氧化碳作为鸡营养物质代谢的产物，是舍内空气污浊程度的一项间接指标。各种鸡的二氧化碳呼出量可查表求得。用二氧化碳计算通风量的原理在于根据舍内鸡产生的二氧化碳总量，求出每小时需由舍外导入多少新鲜空气，可将舍内聚积的二氧化碳冲淡至鸡环境卫生的规定范围。

根据鸡环境卫生的规定，舍内空气中允许含有二氧化碳的量为 1.5L/m^3（C_1），自然状态下大气中二氧化碳含量为 0.3L/m^3（C_2），即从舍外引入 1m^3 空气然后又排出同样体积舍内污浊空气时，可同时排出的二氧化碳量为 C_1-C_2，当已知舍内含有二氧化碳总量时，即可求得换气量。其公式为：

$$L=\frac{mK}{C_1-C_2}$$

式中：L——该舍所需通风换气量（m^3/h）；

m——舍内鸡的只数；

K——每只鸡的二氧化碳产量（L/h）；

C_1——舍内空气中二氧化碳允许含量（$1.5L/m^3$）；

C_2——舍外大气中二氧化碳含量（$0.3L/m^3$）。

此外，用天然气作燃料取暖时，应在该式计算结果中附加燃烧产生的二氧化碳量。例如，鸡舍用保温伞，燃烧1kg丙烷产生二氧化碳$2.75m^3$。

根据二氧化碳算得的通风量，只能将舍内过多的二氧化碳排出舍外，不能确保湿度处在适宜范围，故只适用于温暖、干燥地区。在潮湿地区，尤其是寒冷地区应根据水汽和热量来计算通风量。

（3）根据水汽计算通风换气量。鸡在舍内不断产生大量水汽，鸡舍潮湿物体表面也蒸发产生水汽，这些水汽如不排除就会聚积下来，导致舍内潮湿。用水汽计算通风换气量的依据，就是通过由舍外导入比较干燥的新鲜空气，将舍内水汽稀释到鸡环境卫生允许的范围内，根据舍内外空气中所含水分之差异而求得排除舍内所产生的水汽所需要的通风换气量。其公式为：

$$L=\frac{Q}{q_1-q_2}$$

式中：L——排除舍内产生的水汽，每小时需由舍外导入的新鲜空气量（m^3/h）；

Q——鸡在舍内产生的水汽量及由潮湿物面蒸发的水汽量之和（g/h）；

q_1——舍内空气湿度保持适宜范围时，所含的水汽量（g/m^3）；

q_2——舍外大气中所含的水汽量（g/m^3）。

由潮湿物体表面蒸发的水汽，通常按鸡产生水汽总量的10%计算。

用水汽算得的通风换气量，一般大于用二氧化碳计算的结果，故在潮湿、寒冷地区用水汽计算通风换气量较为合理。

（4）根据热量计算通风换气量。鸡在代谢过程中不断地向外散热，在夏季为了防止舍温过高，必须通过通风将舍内的热量驱散；而在冬季如何有效地利用这些热能温热空气，以保证不断地将舍内产生的水汽、有害气体、灰尘等排出，这就是根据热量计算通风量的理论依据。

根据热量计算鸡舍通风换气量的方法也叫热平衡法，即鸡舍通风换气必须在适宜的舍温环境中进行。其公式为：

$$Q = \Delta t\ (L \times 1.3 + \sum KF) + W$$

式中：Q——鸡产生的可感热（kJ/h）；

Δt——舍内、外空气温差（℃）；

L——通风换气量（m^3/h）；

1.3——空气的热容量［kJ/（m^3·℃）］；

$\sum KF$——通过外围护结构散失的总热量［kJ/（h·℃）］；

K——外围护结构的总传热系数［kJ/（m^2·h·℃）］；

F——外围护结构的面积（m^2）；

$\sum$——外围护结构失热量相加符号，即应分别根据墙、门、窗和地面的 K 值与 F 值来求出 $\sum KF$；

W——由地面及其他潮湿物体表面蒸发水分所消耗的热能，按鸡总产热的10%计算。

此公式加以变化可求通风换气量，即：

$$L = \frac{Q - \sum KF \times \Delta t - W}{1.3 \times \Delta t}$$

由此式看出，根据热量计算通风换气量，实际是根据舍内的余热计算通风换气量，这个通风量只是要使舍内温度处于适宜状态，不一定能保证在冬季排出多余的水汽和污浊空气。但根据热量计算的通风换气量可用来评价鸡舍保温性能的好坏，可评价根据其他方法所确定的通风换气量是否能够实现，以及在通风换气过程中需要补充多少热量等。因此，由热量计算通风换气量是对其他确定通风换气量办法的补充和对所确定通风量能否得到保证的检验。

3. 鸡舍自然通风的设计 鸡舍的自然通风分无管道与有管道两种形式。无管道自然通风是靠门、窗所进行的通风换气，它只适用于温暖地区或寒冷地区的温暖季节。在寒冷地区的封闭舍中，由于门、窗紧闭，需靠专门通风管道进行换气。

（1）自然通风的原理。自然通风的动力为风压或热压。以风压为动力的自然通风见图5.4。当外界有风时，鸡舍迎风面气压大于大气压形成正压，背风面气压小于大气压形成负压，气流由正压区开口流入，由负压区开口排出，形成风压通风。只要有风，就有自然通风现象。风压通风量的大小，取决于风向角、风速、进风口和排风口的面积；舍内气流分布取决于进风口的形状、位置及分布等。

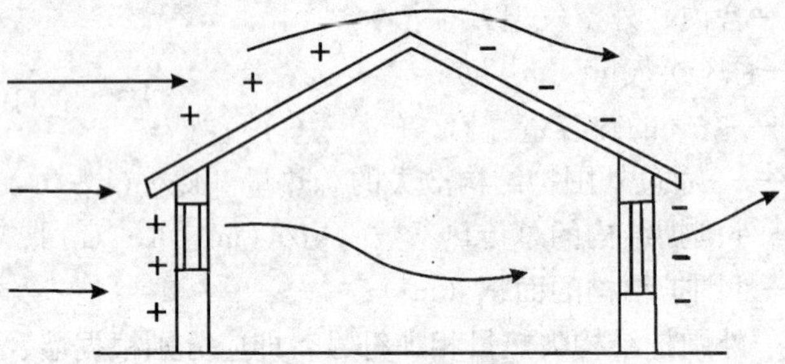

图5.4 鸡舍的风压自然通风

以热压为动力的自然通风为热压通风。舍内空气被鸡体、采暖设备等热源加热，膨胀变轻，热空气上升，使鸡舍上部气压大于舍外，下部则小于舍外。在鸡舍中部形成一个等于舍外大气压的“中性面”。此时墙上如有一个开口，则中性面移至开口中央，舍内空气由开口上部流出，舍外空气由开口下部流入；如果墙上有上、下两个面积相等的开口，则中性面位于两开口之间，空气由上口流出，由下口流入；如果两个开口的面积不等，则中性面靠近开口较大的一侧，见图5.5。

热压通风量的大小，取决于舍内外温差、进风口和排风管的面积、进风口和排风管中心的垂直距离；舍内气流分布则取决于进风口和排风管的形状、位置和分布。

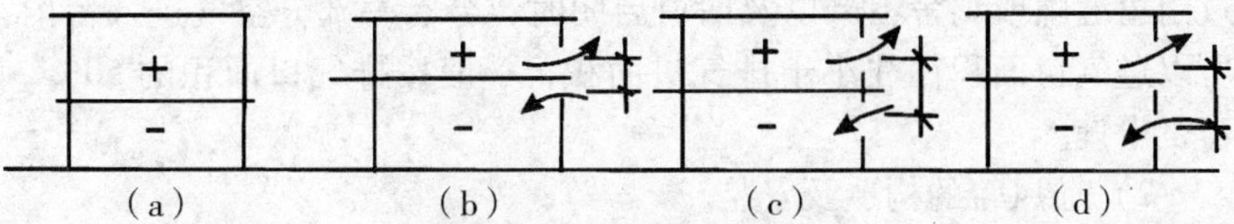

图 5.5　鸡舍的热压自然通风

(a) 无开口时，中性面在鸡舍中央　(b) 1 个开口时，中性面在开口中央

(c) 上下 2 个开口面积相等时，中性面在两开口中心的中央

(d) 上下 2 个开口面积不等时，中性面靠近较大的开口

（2）自然通风的设计。自然通风的设计主要指有管道式通风，由于鸡舍外风力无法确定，故一般是按无风时设计，以热压为动力计算。

1）确定排气口、进气口的面积。根据空气平衡方程式：排风量 $L_{排}$ 等于进风量 $L_{进}$，故鸡舍通风量 $L = L_{排} = L_{进} = 3\ 600Fv$，导出：

$$F = \frac{L}{3\ 600v}$$

v 可用下列公式计算：

$$v = \mu\ \sqrt{2gH\ (t_n - t_w)\ /\ (273 + t_w)}$$

则排气口截面积：

$$F = \frac{L}{3\ 600 \times 0.5 \times 4.427 \times \sqrt{H\ (t_n - t_w)\ /\ (273 + t_w)}}$$

式中：F——排气口总面积（m^2）；

L——鸡舍通风量（m^3/h）；

v——排气管中的风速（m/s）；

H——进排气口中心的垂直距离（m）；

μ——排气口阻力系数，当风管为圆形时，取 0.5；

g——重力加速度（$9.8m/s^2$）；

t_n、t_w——分别为舍内外通风计算温度，当 $t_n - t_m \leqslant 0$℃时，取 2℃。

为方便起见，排气口面积也可根据表 5.4 中的数据进行计算。

进风口的面积从理论上讲应等于排气口的面积，但实际上由于通过门窗缝隙或鸡舍不严以及门窗启闭时，会有一部分空气进入舍内，所以进气口面积往往小于排气口面积，一般按排气口面积的50% ~ 75%设计。

2）通风管的构造及安装。

A. 排气管：排气管一般设置在鸡舍屋脊正中或两侧并交错排列。下端从天棚开始，上端伸出屋脊0.3 ~ 0.6m，两个排气管的间距为3 ~ 6m。风管的面积可根据鸡舍冬季所需通风量按表5.4求得。风管最好做成圆形，以便必要时安装风机，风管直径以0.3 ~ 0.6m为宜。管内有调节板，以控制风量。要求管壁光滑、严密、保温（要有套管，内充保温材料）。在排气管上端设置风帽（图5.6），其作用是防止雨雪降落和利用风压加强通风效果。根据鸡舍所需通风总面积确定风管数量，风管数量确定后根据间数均匀设置。

图5.6　屋顶风帽

表5.4　鸡舍冬季通风量每1 000m³/h所需排风口面积（m²）

舍内外温差（℃）	风管上口至舍内地面的高度（m）						
	4	5	6	7	8	9	10
6	0.43	0.38	0.35	0.32	0.30	0.28	0.27
8	0.36	0.33	0.30	0.28	0.26	0.24	0.23
10	0.33	0.29	0.26	0.25	0.23	0.22	0.21

续表

舍内外温差（℃）	风管上口至舍内地面的高度（m）						
	4	5	6	7	8	9	10
12	0.30	0.26	0.24	0.22	0.21	0.20	0.19
14	0.28	0.25	0.22	0.21	0.19	0.18	0.17
16	0.25	0.23	0.21	0.19	0.18	0.17	0.16
18	0.24	0.22	0.20	0.18	0.17	0.16	0.15
20	0.23	0.20	0.19	0.17	0.16	0.15	0.14
22	0.22	0.19	0.18	0.16	0.15	0.14	0.14
24	0.21	0.18	0.17	0.16	0.15	0.14	0.13
26	0.20	0.18	0.16	0.15	0.14	0.13	0.12
28	0.19	0.17	0.15	0.14	0.13	0.13	0.12
30	0.18	0.16	0.15	0.14	0.13	0.12	0.11
32	0.17	0.16	0.14	0.13	0.12	0.12	0.11
34	0.17	0.15	0.14	0.13	0.12	0.11	0.11
36	0.16	0.15	0.13	0.12	0.12	0.11	0.10
38	0.16	0.14	0.13	0.12	0.11	0.11	0.10
40	0.14	0.14	0.13	0.12	0.11	0.10	0.10

B. 进气口：在窗户上部留通风小窗进行通风，其开启度要可调整，并包裹保温材料，其间距应为 3 ~6m。

4. 鸡舍机械通风的设计

（1）常用的风机类型。

1）轴流式风机（图 5.7）。这种风机所吸入的空气和送出的空气的流向与风机叶片轴的方向平行。

轴流式风机的特点是：叶片旋转方向可以逆转，旋转方向改变，气流方向随之改变，而通风量不减少；通风时所形成的压力，一般比离心式风机低，但输送的空气量却比离心式风机大。故既可用于送风，也可用于排气。目前用于我国鸡舍的通风机型号较多，其中叶轮直径为 1 400mm 的 9FJ－140 型风机，风量大于 50 000m^3/h。

2）离心式风机（图 5.8）。这种风机运转时，气流靠带叶片的工作轮转动时所形成的离心力驱动，故空气进入风机时和叶片轴平行，

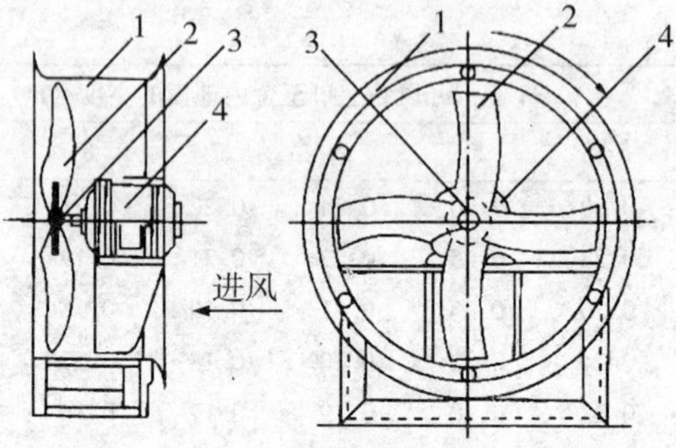

图 5.7　轴流式风机

1. 外壳　2. 叶片　3. 电动机转轴　4. 电动机

离开风机时变成垂直方向。这个特点使其自然地适应通风管道 90°的转弯。离心式风机不具逆转性、压力较强，在鸡舍通风换气系统中，常在集中输送热风和冷风时使用。

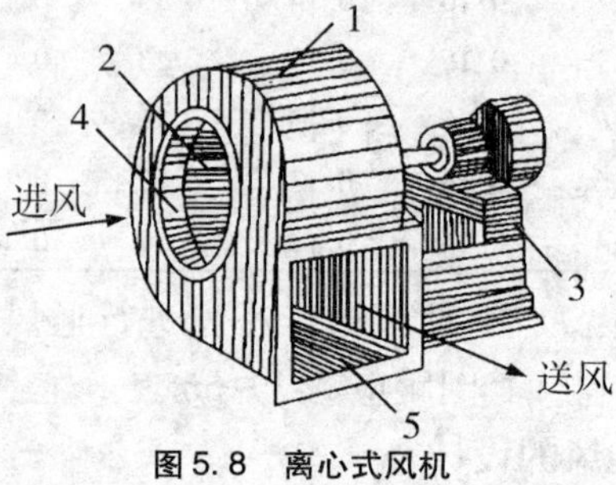

图 5.8　离心式风机

1. 蜗牛形外壳　2. 工作轮　3. 机座　4. 进风口　5. 出风口

在选择风机时，既要满足通风量的要求，也要求风机的全压符合要求，这样，风机克服空气阻力的能力强，通风效率高，才能取得良好的通风效果。在选择风机时可参考鸡舍常用通风机主要性能参数表 5.5。

表 5.5　鸡舍常用通风机主要性能参数

风机型号	叶轮直径（mm）	叶轮转速（r/min）	风压（Pa）	风量（m^3 · h）	轴功率（kW）	配用电机功率（kW）	噪声（dB）	机重（kg）	备注
9FJ－140	1 400	330	60	56 000	0.760	1.10	70	85	
9FJ－125	1 250	325	60	31 000	0.510	0.75	69	75	

续表

风机型号	叶轮直径（mm）	叶轮转速（r/min）	风压（Pa）	风量（m^3·h）	轴功率（kW）	配用电机功率（kW）	噪声（dB）	机重（kg）	备注
9FJ－100	1 000	430	60	25 000	0.380	0.55	68	65	
9FJ－71	710	635	60	12 000	0.335	0.37	69	45	静
9FJ－60	600	930	70	11 000	0.270	0.37	73	22	压
9FJ－56	560	729	60	8 300	0.146	0.18	64		时
SFT－No.10	1 000	700	70	32 100		0.75	75		数
SET－No.9	900	700	80	21 500		0.55	75		据
SET－No.7	700	900	70	14 500		0.37	72		
XT－17	600	930	70	10 000	0.250	0.37	69	52	
T35－63	630	960	77	10 128		0.55	>75		

(2) 机械通风方式。按鸡舍内气压变化分类，机械通风可分为正压通风、负压通风、联合通风三种。

1）正压通风（送风）：指通过风机将舍外新鲜空气强制送入舍内，使舍内气压增高，舍内污浊空气经风口或风管自然排出的换气方式。正压通风的优点在于可对进入的空气进行加热、冷却以及过滤等预处理，从而可有效地保证鸡舍内的适宜温、湿状况和清洁的空气环境，在严寒、炎热地区适用。但是这种通风方式比较复杂，造价高，管理费用也大。正压通风又可根据风机位置分两侧壁送风、屋顶送风、单侧壁送风形式（图5.9）。

（a）　　（b）　　（c）

图5.9　正压通风示意

（a）两侧壁送风形式　（b）屋顶送风形式　（c）单侧壁送风形式

鸡舍正压通风一般采用屋顶水平管道送风系统，即在屋顶下靠近饲养区处水平敷设有通风孔的送风管道，采用离心式风机将空气送入管道，风经通风孔流入舍内。送风管道一般用铁皮、玻璃钢或编织布等材料制作，鸡舍跨度在≥9m时设两条。这种送风系统因其可以在进风口附加设备，进行空气预热、冷却及过滤处理，对鸡舍内冬季环境控制效果良好。

2）负压通风（排风）：指通过风机抽出舍内污浊空气，造成舍内空气压力小于舍外，舍外空气通过进气口或进气管流入舍内而形成舍内外气体交换。鸡舍中用负压通风较多，因其比较简单、投资少，运行费用也较低。

负压通风根据风机安装位置可分为两侧排风、屋顶排风、横向负压通风和纵向负压通风（图5.10～图5.12）。

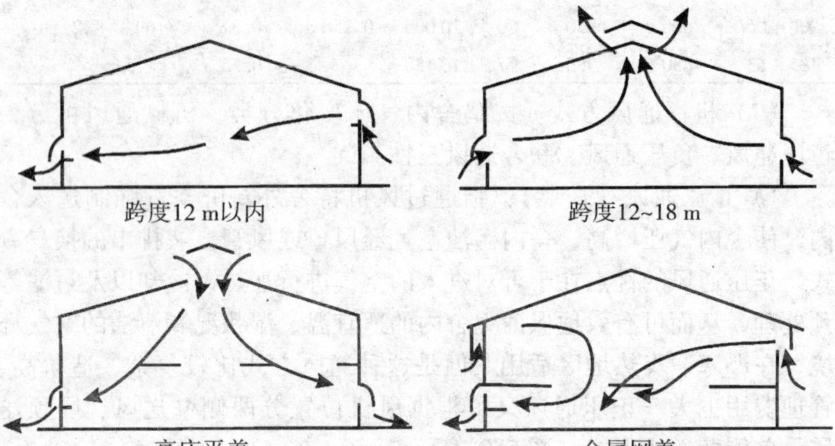

图5.10　负压通风示意

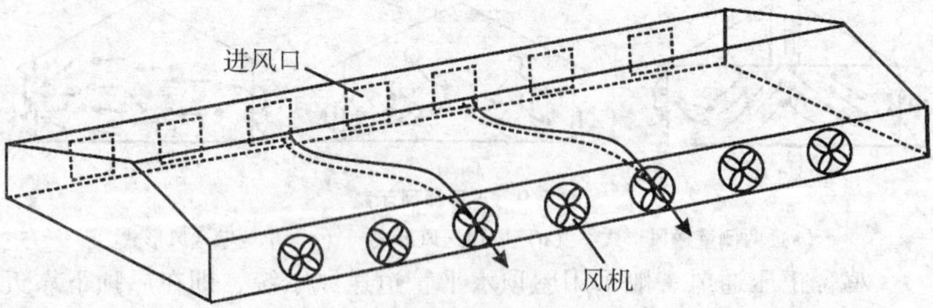

图5.11　横向通风示意

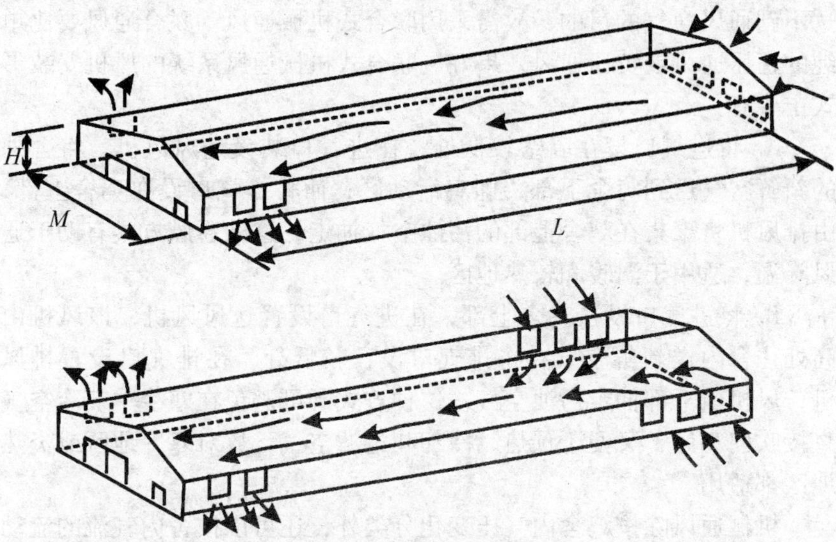

图 5.12　纵向通风示意

A. 屋顶排风式：风机安装于屋顶，以抽走污浊空气和灰尘，新鲜空气由侧墙风管或风口自然进入。适合于温暖和较热地区、跨度在 12 ~ 18m 的鸡舍或 2 ~ 3 排多层笼鸡舍使用，若停电时，可进行自然通风。

B. 侧壁排风形式：单侧壁排风形式为风机安装在一侧纵墙上，进气口设置在另一侧纵墙上，鸡舍跨度在 12m 以内；双侧壁排风形式为在两侧纵墙上分别安置风机，新鲜空气从山墙或屋顶上的进气口进入，经管道分送到舍内的两侧。这种方式适用于跨度在 20m 以内的鸡舍或舍内有五排笼架的鸡舍。

C. 地下风道排风：当鸡舍内建筑设施较多，由于通风障碍影响进入气流分布时，宜采用地下风道排风。在这种情况下，地下风道建筑设施应有较好的隔水措施，否则，一旦积水就会破坏鸡舍通风换气。

3）联合通风：联合通风是一种同时采用机械送风和机械排风的通风方式。因可保持舍内外压差接近于零，故又称作等压通风。在大型封闭鸡舍，尤其是在无窗封闭鸡舍，单靠机械排风或机械送风往往达不到通风换气的目的，故需采用联合式机械通风。联合通风要比单纯的正压通风或负压通风效果好。联合式机械通风系统的风机安装形式主要有：

A. 将进气口设在墙壁较低处，在进气口装设送风风机，将舍外的新鲜空气送到鸡舍下部，即鸡活动区；而将排气口设在鸡舍上部，由排风机将聚集在鸡舍上部的污浊空气抽走。这种通风方式有助于通风降温，适用于温暖和较热地区。

B. 将进气口设在鸡舍上部，在进气口设置送风风机，该风机由高处往舍内送新鲜空气；将排气口设在较低处，在排气口设置排风机，风机由下部抽走污浊空气。这种方式既可避免在寒冷季节冷空气直接吹向鸡体，又便于预热、冷却和过滤空气，故对寒冷地区或炎热地区都适用。

机械通风除按鸡舍内气压变化分类外，还可以按舍内气流的流动方向来分类，如横向通风、纵向通风、斜向通风、垂直通风等。横向通风是指舍内气流方向与鸡舍长轴垂直的机械通风。采用横向通风的鸡舍，不足之处在于舍内气流不够均匀，气流速度偏低，尤其死角多，舍内空气不够新鲜。纵向通风是指舍内气流方向与鸡舍长轴方向平行的机械通风，由于通风的截面积比横向通风相对缩小，故使舍内风速增大，风速可达1.5m/s以上。斜向通风和垂直通风是指墙上固定的风扇和顶棚上的吊扇，风直接吹向鸡体，加快鸡体的散热。

（3）横向负压通风的设计。

1）确定负压通风的形式：根据鸡舍跨度大小确定，跨度为8～12m时，采用一侧排风、对侧进风的形式；跨度大于12m时，宜采用两侧排风、顶部进风或顶部排风、两侧进风的形式。进、排风管应交错布置。

2）确定鸡舍的通风量（L）：根据鸡舍通风参数和鸡舍内饲养鸡的数量或体重计算鸡舍总的通风量。

3）确定风机台数（N）：根据鸡舍长度，一般按纵墙长度（值班室、饲料间不计）每7～9m设1台。

4）确定每台风机流量（Q）：

$$Q = \frac{KL}{N}$$

式中：Q——风机流量（m^3/h）；

K——风机效率系数（取 1.15 ~ 1.2）；

L——鸡舍通风量（m^3/h）；

N——风机台数（台）。

5）确定风机全压（H）：风机全压需要大于进气口和排气口的通风阻力，否则将使风机效率降低，甚至损坏电机。计算公式为

$$H = 6.38v_1^2 + 0.59v_2^2$$

式中：H——风机全压（Pa）；

v_1——进风速度（m/s），夏季取 3 ~ 5m/s，冬季取 1.5m/s；

v_2——排风速度（m/s）。

可按上步计算的 Q 值和在风机性能表中初步选择的风机直径（d）计算：

$$v_2 = \frac{Q}{3\,600 \times \pi d^2/4}$$

6）确定进气口总面积：进气口总面积一般按 1 000m^3/h 的排风量需 0.1 ~ 0.12m^2 计。如进气口设遮光罩，其应按 0.15m^2 计算。也可按如下公式计算：

$$A = \frac{L}{3\,600v_1}$$

式中：A——进气口总面积（m^2）；

L——鸡舍通风量（m^3/h）；

v_1——进风速度（m/s）。

7）确定进气口的数量（n）和每个进风口的尺寸（高 h 和宽 w）：进气口的数量按鸡舍长度（i）与鸡舍跨度（s）的 0.4 倍的比值进行计算。

$$n = \frac{i}{0.4s}$$

进气口数量确定后，由所需进气口总面积（A）确定每个进气口的面积（a）。

$$a\ (m^2) = \frac{A}{n}$$

8）布置风机和进气口。一侧进风、对侧排风时，风机设在一侧墙下部，进气口在对侧墙上部，并都应均匀布置，位置交错。进气口设遮光罩，风机口外侧设弯管，以遮蔽阳光和风。相邻两栋鸡舍排风口相对设置。

采用上排下进的形式时，两侧墙上进气口不宜过低，并应装导向板，防止冬季冷风直接吹向鸡体。

密闭式鸡舍机械通风应按舍内地面面积的2.5%设应急窗，以保障停电和通风故障时的光照和通风换气。应急窗应做成不透光的保温窗，并在两纵墙上均匀布置，平时关闭，必要时才开启透光通风。

（4）纵向负压通风的设计。

1）计算排风量。可以根据已提供的参数计算排风量，也可根据鸡舍要求的风速来计算。

A. 如按风速计算，计算公式为

$$排风量\ (m^3/h) = 风速\ (m/s) \times 鸡舍横断面积\ (m^2) \times 3\,600$$

B. 按通风换气参数计算，计算公式为：

排风量（m^3/h）=通风换气参数×舍内饲养鸡的数量×每只鸡的体重，再用计算的排风量乘以1.15～1.2的系数即为所需风机的总风量。

2）选择风机，计算风机台数。根据总风量及所选的每台风机风量，计算所需风机台数。注意大小风机配套使用，以满足不同季节通风量的要求。

3）确定进气口的面积及位置。进气口的阻力越小，风机的排风量就越大。如不考虑承重墙、遮光等因素，进气口面积应接近鸡舍的横断面积或大于2倍排风机的面积。进气口面积可按每1 000m^3排风量需要0.15m^2计算，也可以按下式计算：

$$进气门面积（最小）= \frac{总排风量}{进气口风速}$$

进气口风速，一般要求在2.5～5.0m/s。进气口应设在净道一侧山墙上或靠近山墙的两纵墙上，高度对应于鸡的生活区。冬季为避免鸡舍两端温差过大，须调节进气口的位置，可封闭近山墙的进气口，启用近舍中央的进气口，并用小风机进行排风。

4）排风机的布置。排风机应安置在污道一端的山墙上，也可将部分风机装在近山墙两侧的纵墙上。风机的高度在距地平0.4～0.5m或中心高于饲养层，两台风机间要保持0.6m以上的距离。

负压纵向通风与横向通风相比，具有下列优点：

A. 提高风速。纵向通风舍内平均风速比横向通风时提高5倍以上，因纵向通风气流断面积即鸡舍净宽仅为横向通风断面，即鸡舍长度的1/5～1/10。实测也证明，纵向通风舍内风速可达0.7m/s以上，夏季可达1.0～2.0m/s。

B. 气流分布均匀。进入舍内的空气均沿一个方向平稳流动，空气的流动路线为直线，因而气流在鸡舍纵向各断面的速度可保持均匀一致，舍内气流死角少。

C. 改善空气环境。结合排污设计，组织各栋间的气流，将进气口设在清洁道侧，排气口设在污道侧，可以避免鸡舍间的交叉传染。据报道，合理设计纵向通风，鸡舍环境内细菌数量下降70%；噪声由80dB下降到50dB；氨气、硫化氢、尘埃量都有所下降，因此保证了生产区空气清新，也便于栋舍间的植树绿化，使生产区的环境得到改善。

D. 节能、降低费用。纵向通风可采用大流量节能风机，风机排风量大，使用台数少，因而可节约设备投资及安装接线费用和维修管理费用20%～35%，节约电能及运行费用40%～60%。

E. 提高生产力。采用纵向通风，可使产蛋率、饲料报酬提高，死亡率下降。

五、鸡舍的光照控制

光照是影响鸡生产力和健康的重要环境因素之一，鸡舍保持一定的光照，除了满足其生产需要外，还为人的工作和鸡的活动（采食、起卧、走动等）提供了方便。鸡舍采光分为自然光照和人工照明。

自然光照的光照时间有明显的季节性，但即使在夏季其光照时间也难以满足多数动物的需要，为了补充自然光照的不足，自然采光鸡舍也应有人工照明设备，密闭式鸡舍则必须设置人工照明来控制舍内的光照强度和时间，以满足鸡的生理要求和饲养管理工作的需要。

1. 鸡舍自然光照的设计 自然采光取决于通过鸡舍外露部分或窗户透入的太阳直射光和散射光的量，影响自然采光的因素很多，主要是采光系数、入射角和透光角。

（1）采光系数：采光系数是指窗户的有效采光面积与鸡舍地面面积之比（以窗户的有效采光面积为1），通常用1∶X 表示，也可用下面公式：

采光系数＝窗户有效采光面积/鸡舍地面面积

采光系数愈大则舍内光照度愈大。鸡舍的采光系数因鸡种类不同而要求不同（表5.5）。根据采光系数（K）可计算鸡舍窗口面积：

$$A=\frac{K\times F_{\mathrm{d}}}{\tau}$$

式中：A——采光窗口（不包括窗框和窗扇）的总面积（m^2）；

K——采光系数，查表5.6；

F_{d}——舍内地面面积（m^2）；

τ——窗户的透光系数，单层金属窗为0.80，双层金属窗为0.65；单层木窗为0.70，双层木窗为0.50。

为简化计算，窗口面积也可按一间鸡舍的面积（间距×跨度，也称“柱间单元”）来计算。

表5.6 鸡舍的采光系数

鸡舍	采光系数
成鸡舍	（1∶10）～（1∶12）
雏鸡舍	（1∶7）～（1∶9）

（2）入射角：鸡舍地面中央一点到窗户上缘外侧（或屋檐）所引直线与地面水平线之间的夹角∠BAD（图5.13）。入射角愈大，愈有利于采光，为了保证舍内得到适宜的光照，入射角应不小于25°。

从防寒防暑的角度考虑，我国大多数地区夏季都不应有直射的阳

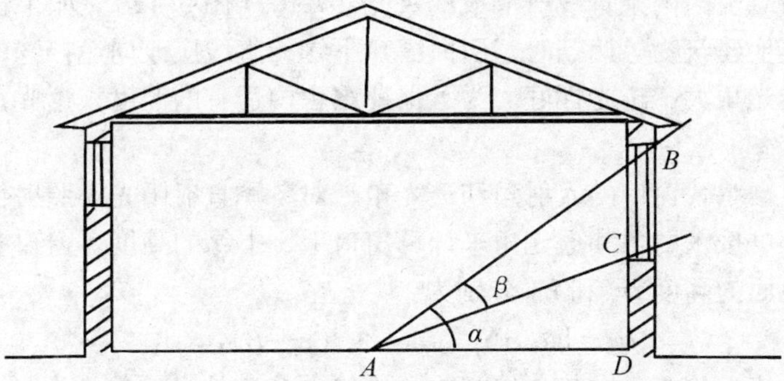

图 5.13　入射角（α）和透光角（β）示意图

光进入舍内，冬季则希望阳光能照射到鸡床上。可以通过合理设计窗户上、下缘和屋檐的高度而满足要求。当窗户上缘外侧（或屋檐）与窗台内侧所引的直线同地面水平线之间的夹角小于当地夏至的太阳高度角时，就可防止太阳光线进入鸡舍内；当鸡床后缘与窗户上缘（或屋檐）所引的直线同地面水平线之间的夹角等于当地冬至的太阳高度角时，就可使太阳光在冬至前后直射在鸡床上（图 5.14）。

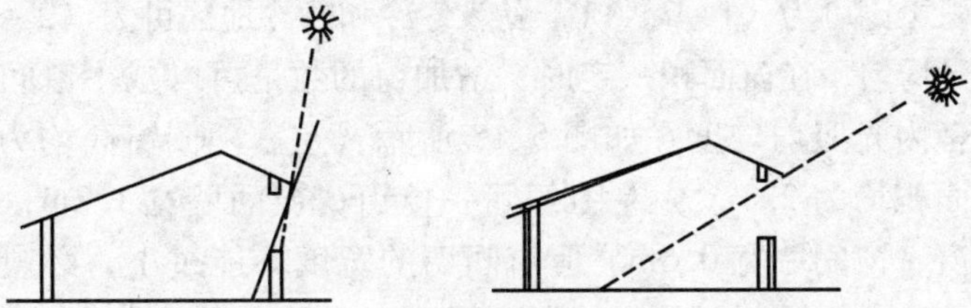

图 5.14　根据太阳高度角设计窗户上缘的高

中午 12 时的太阳高度角的计算：

$$h_0 = 90 - \phi + \delta$$

式中：h_0——中午 12 时的太阳高度角；

ϕ——当地纬度；

δ——为赤纬（夏至时为 23°27′，冬至时为 -23°27′，春分和秋分时为 0°）。

（3）透光角：鸡舍地面中央一点向窗户上缘外侧（或屋檐）和

下缘内侧引出两条直线所形成的夹角∠BAC（图5.13）。如果窗外有树或其他建筑物等遮挡时，引向窗户下缘的直线应改向遮挡物的最高点，透光角大，透光性好。为了保证鸡舍内适宜的照度，透光角应不小于5°。

根据鸡舍窗口的入射角和透光角，对冬季直射阳光无照射位置要求时，可按入射角和透光角来计算窗口上、下缘的高度。窗口上、下缘至地面的高度 H_1 和 H_2 分别为：

$$H_1 = \mathrm{tg}\alpha \times S_1 \quad H_2 = \mathrm{tg}\ (\alpha - \beta) \times S_2$$

式中：H_1、H_2——分别为窗口上、下缘至舍内地平面的高度（m）；

S_1、S_2——分别为鸡舍中央一点至墙外皮和墙内皮的水平距离（m）。

为增大透光角，可以增大屋檐与窗户上缘的高度，以及降低窗台的高度等，一般以1.0～1.2m为宜。

（4）窗的数量、形状和布置。窗的数量、形状和布置也关系到采光和通风的均匀程度。窗的数量应首先根据当地气候确定南北窗面积比例，然后考虑光照均匀和房屋结构对窗间距的要求。炎热地区南北窗面积之比可为（1～2）∶1，夏热冬冷和寒冷地区可为（2～4）∶1。为使采光均匀，在窗面积一定时，增加窗的数量可以减小窗间距，从而提高舍内光照均匀度。如图5.15所示，左右两图窗高均为1.5m，每间窗面积均为2.7m^2，左图每间一樘窗；窗间墙宽1.2m；右图每间两樘窗，窗间墙宽0.6m。但窗间墙的宽度不能过小，必须满足结构要求，如梁下不得开洞，梁下窗间墙宽度不得小于结构要求的最小值。

窗的形状也关系到采光与通风的均匀程度。在窗面积一定时，采用宽度大而高度小的“卧式窗”，可使舍内长度方向光照和通风较均匀，而跨度方向则较差；高度大而宽度小的“立式窗”，光照和通风均匀程度与卧式窗相反；方形窗光照、通风效果介于上述两者之间。设计时应根据鸡对采光和通风及鸡舍跨度大小，参照门窗标准图集酌情确定。

2. 鸡舍人工光照的设计 人工照明一般以白炽灯和荧光灯作光

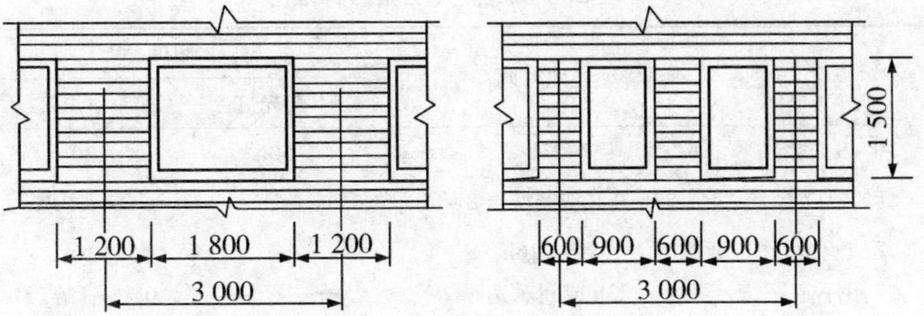

图 5.15　窗的数量与窗间墙的宽度（单位：cm）

源，不仅应用于无窗封闭鸡舍，也用于自然采光鸡舍的补充。人工照明的设计如下：

（1）选择光源。白炽灯或荧光灯皆可作为鸡舍照明的光源。白炽灯发热量大而发光效率较低，安装方便，价格低廉，灯泡寿命短(750 ~ 1 000h)；荧光灯则发热量低而发光效率较高，灯光柔和，不刺眼睛，省电，但一次性投资较高（表 5.7 和表 5.8）。

表 5.7　当灯的安置高度为 2m 时，每平方米舍内面积设 1W 光源可提供的照度

光源种类	白炽灯	荧光灯	卤钨灯	自镇流高压水银灯
1W 光源可提供的照度（lx）	3.5 ~ 5.0	12.0 ~ 17.0	5.0 ~ 7.0	8.0 ~ 10.0

表 5.8　鸡舍光照常用电光源的特性

光源种类	功率（W）	光效（lx/W）	寿命（h）
白炽灯	15 ~ 1 000	3.5 ~ 5	750 ~ 1 000
荧光灯	6 ~ 125	20 ~ 45	5 000 ~ 8 000

选择有灯罩的灯具可使光照强度增加 50%，但要避免使用上部敞开的圆锥形灯罩，一般应采用平形或伞形灯罩。

（2）计算鸡舍所需光源总瓦数。根据鸡舍人工光照标准（表 5.9）和 $1m^2$ 地面设 1W 光源提供的照度，计算鸡舍所需光源总瓦数。

光源总瓦数 =(鸡舍适宜照度/$1m^2$ 地面设 1W 光源提供的照度）× 鸡舍总面积

表 5.9 鸡舍人工光照标准

鸡舍	光照时间	照度	
		荧光灯	白炽灯
0～3 日龄	23h	50lx	30lx
4 日龄～17 周龄	23h 渐减或突减至 8～9h		5～10lx
成鸡舍	14～16h		10lx
肉用仔鸡舍	23h 或间歇光照		0～3 日龄 25lx，以后减为 5～10lx

注：有窗舍应减至当地培育期最长日照时间。

（3）确定灯具数量。灯具的行距和灯距按大约 3m 布置，或按工作的照明要求布置，各排灯具平行或交叉排列，布置方案确定后，即可算出所需灯具数量。

（4）计算每盏灯具瓦数。

每盏灯具瓦数 = 总瓦数/灯具数量

（5）安装灯具的高度。通常灯高为 2.0m，灯距为 3.0m 左右。多层笼养鸡舍为使底层有足够的照度，设计时，照度应适当提高一些，一般为 3.3～3.5W/m^2。

（6）影响人工照明的因素。

1）光源：鸡一般可以看见波长为 400～700nm 的光线，所以用白炽灯或荧光灯皆可。荧光灯耗电量比白炽灯少，而且光线比较柔和，不刺激眼睛，但设备投资较高。一般白炽灯泡大约有 49% 的光为可利用数值。如 1W 电能可发光 12.56lx，其中 49% 即 6.15lx 可利用；一只 40W 的灯泡发出 502.4lx 的光，则有效利用为 246.2lx。

2）灯的高度：灯的高度直接影响地面的光照度。灯越高，地面的照度就越小，一般灯具的高度为 2.0～2.4m。

3）灯的分布：为使舍内的照度比较均匀，应适当降低每个灯的瓦数，而增加舍内的总装灯数。鸡舍内装设白炽灯时，以 20～60W 为宜，不可过大。灯泡与灯泡之间的距离应为灯泡高度的 1.5 倍。舍内如果装设两排以上灯泡，应交错排列；靠墙的灯泡同墙的距离应为灯泡间距的一半。灯泡不可使用软线吊挂，以防被风吹动而使鸡受惊。如为笼养，灯泡一般设置在两列笼间的走道上方。

4）灯罩：使用灯罩可使光照强度增加50%。避免使用上部敞开的圆锥形灯罩，因为它的反光效果较差，而且将光线局限在太小的范围内，一般应采用平行或伞形灯罩。不加灯罩的灯泡所发出的光线，约有30%被墙、顶棚、各种设备等吸收。如安装反光灯罩，比不用反光灯罩的光照强度大45%。

5）灯泡质量与清洁度：灯泡质量差与阴暗要减少光照30%，脏灯泡发出的光约比干净灯泡减少1/3。

六、鸡舍空气污染的防控

1. 鸡舍有害气体污染的控制 由于有害气体的产生途径有多种，因而防治有害气体的污染也必须从多方面入手，采取综合措施。

（1）合理设计鸡舍。从鸡舍的设计考虑，设置良好的除粪装置和排水系统，地面和粪沟要有一定坡度，便于污水、粪便排放。

（2）及时清除粪便污水，并保持粪便垫草干燥。及时清除舍内的粪及污水，勤换垫草，经常检查饮水器或饮水槽，避免漏水、溢水现象，以保持粪便、垫草的干燥。

（3）合理通风。通风是排除鸡舍有害气体的有效方法，在严寒的冬季，往往为了保温将门窗紧闭，导致鸡舍有害气体浓度很高，因此即使在严寒冬季，鸡舍仍要保持适宜的通风量。

（4）选用优质原料、先进的加工工艺。优质原料尤其是优质的蛋白质饲料消化率高，能够降低排泄物中蛋白质的残留，减少腐败分解产生有害气体。据介绍，选用高消化率的饲料可以使粪尿中的氮减少5%以上；饲料的加工工艺影响鸡对营养物质的消化吸收；制粒和膨化能抑制和破坏一些抗营养因子，粪尿排出的干物质减少1/3，其中的含氮物质也减少。

（5）科学地配制日粮。日粮中的营养物质若不能完全消化吸收而随粪便排出，则鸡舍有害气体就会增加，因此减少蛋白质的供给量，有害气体的产生会大大减少。用理想蛋白模式和可消化氨基酸来设计饲料配方，可有效地降低饲料中的蛋白质含量及氮的排出量。

（6）在饲料中添加一些添加剂。日粮中采用某些添加剂，除提高鸡生产性能外，对控制恶臭、保护环境也有重要作用。这类添加剂主要有微生态制剂、酶制剂、丝兰属提取物和沸石等。

很多有益微生物可在肠道内建立优势菌群，抑制有害菌群的定植，改善肠道微生物区系的平衡，从而提高饲料蛋白质利用率，减少粪便中氨的排量，抑制细菌产生有害气体，降低空气中有害气体的含量。植物性饲料中含有许多抗营养因子，如植酸、单宁、胰蛋白酶抑制因子等，饲料中添加酶制剂可以消除相应的抗营养因子，补充动物的内源酶，可提高蛋白质和碳水化合物的利用率，使粪便中氮的排泄量减少，从而改善鸡舍内的空气质量，并节约饲料。

丝兰属植物提取物有除臭及提高饲料利用率的作用。

沸石表面积大、吸附性强，对氨、硫化氢、二氧化碳及水分有很强的吸附力，常用在鸡舍中消除有害气体。在蛋鸡饲料中添加2%～5%的沸石粉，能使粪便含水量降低25%，有害气体减少。此外，膨润土、海泡石、蛭石和硅藻土等的结构与沸石相似，都有消除有害气体的作用。

（7）鸡舍内应用除臭剂消除有害气体。鸡舍内应用的可以除去有害气体的物质大致可分为三类，即物理、化学和生物除臭剂。

1）物理除臭剂主要指一些掩蔽剂、吸附剂和酸制剂。掩蔽剂常用较浓的芳香气味掩盖有害气体的气味。吸附剂可吸收有害气体，常用的有活性炭、锯末、沸石、稻壳等，这些物质与粪便混合，对有害气体进行吸附。酸制剂是通过改变粪便的pH，抑制微生物的活动从而减少有害气体的产生或中和一些有害气体，常用的有甲酸、丙酸、硫酸亚铁等。

2）化学除臭剂可分为氧化剂和灭菌剂。常用氧化剂有过氧化氢、高锰酸钾等，另外臭氧也用来控制臭味，甲醛和多聚甲醛是灭菌剂。

3）生物除臭剂中主要指酶和活菌制剂，其作用是通过生化过程消除有害气体。据报道，在猪舍、鸡舍内按每立方米空间投放20gEM（有效微生物群），能显著减少臭气；每5d喷雾1次500倍稀释的EM液，空气中氨的浓度由12mg/kg下降到1.8mg/kg。将沸石撒于垫料中可以吸附有害气体，按每只鸡 5g 的用量在垫料中加入沸石，结果氨浓度下降 37.04%；海泡石对有害气体具有速效吸附力，按每平方米土中撒 40g 海泡石，能使空气中氨浓度从 76mg/m^3 降为 14mg/m^3。过磷酸钙能吸附氨形成铵盐，在鸡舍地面撒过磷酸钙，蛋鸡按每只 16g，肉鸡每只 10g，可以显著降低氨臭。

2. 鸡舍微粒污染的控制

（1）鸡场的选址要远离产生微粒较多的工厂，如水泥厂、磷肥厂等。

（2）改善鸡舍和牧场周围地面状况。在鸡场四周种植防护林带，减小风力，阻滞尘埃的产生；场内进行绿化，路旁种植草皮、灌木、乔木，尽量减少裸地面积。

（3）饲料加工车间、粉料和草料堆放场所应与鸡舍保持一定距离，并设防尘设施。使用粒料、湿拌料可减少粉尘的产生。

（4）日常饲养管理中尽量减少微粒的产生。尽量减少干粉料饲喂动物，改用颗粒饲料。打扫地面、分发饲料、翻动或更换垫草时，动作要轻，不要在鸡舍内干扫地面。

（5）保证合理的通风换气，及时排出舍内的微粒。采用机械通风时，可在进气口安装空气过滤器。

3. 鸡舍微生物污染的控制

（1）在选择鸡场场址时，应注意避开医院、兽医院、屠宰场、皮毛加工厂等污染源。鸡场应有完备的防护设施，注意场区与场外、场内各分区之间的隔离。

（2）建立严格的防疫制度，对鸡群进行定期防疫注射和检疫。

（3）严格消毒：新建场须经过严格、全面、彻底消毒，才可进入鸡。场区所有出入口都应设置消毒池，以便人和车辆消毒。工作人员进入鸡舍必须消毒、洗浴，更换工作服、鞋、帽等。严禁场外人员、车辆进入生产区。引入的鸡须隔离和检疫，确保安全后，方能并入本场鸡群。采用“全进全出”制，进行转群时须对鸡舍进行彻底清洗、消毒，并有一定的空舍间隔，彻底切断传染病的传播机会。定期对场区和鸡舍进行全面消毒。

（4）保证鸡舍通风性能良好，使舍内空气经常保持新鲜，并尽可能在进气管上安装除尘装置。

（5）注意鸡舍的防潮：干燥的环境条件不利于微生物的生长和繁殖。

（6）减少鸡舍空气中微粒的含量，以使舍内病原微生物失去附着物而难以生存。

（7）及时清除粪便和污浊垫料，搞好鸡舍的环境卫生。

七、鸡舍噪声的防控

鸡舍较强和突然的噪声能严重影响鸡的健康水平和生产性能，因而要加以防控，其方法主要有：

1. 选好场址，尽量避免外界干扰 鸡场不应建在居民区、厂矿、飞机场和主要交通干线的附近。

2. 合理地规划鸡场 使汽车、拖拉机等不能靠近鸡舍，还可利用地形做隔声屏障，降低噪声。

3. 选择噪声小的机械设备 鸡场内应选择性能优良，噪声小的机械设备，装置机械时，应注意消声隔音。

4. 绿化鸡场外围 鸡场及鸡舍周围大量植树，以降低外来的噪声。绿化可使外界噪声降低 10dB 以上。

5. 细致管理 防止生产过程产生过强的、突然的噪声。

第六章　规模化鸡场污物处理技术

第一节　规模化鸡场污物处理的意义

随着我国养鸡业的飞速发展，鸡场规模越来越大，生产规模化、集约化程度越来越高。在城市和乡镇，鸡生命和生产活动产生的恶臭、排泄物、微生物、粉尘、噪声等，对鸡场及周围环境造成了污染，特别是鸡场粪污，主要有粪便、尿液、垫料、生产废弃物、污水等，如果不经过处理任意堆放或排放，将会对大气、水体和土壤造成严重的污染，这样不仅制约了鸡场自身的发展，同时也影响着周围居民的生活，还会对环境造成长久的污染。然而鸡场粪污也是宝贵的资源。

（1）可用作肥料，对促进农牧结合、有机农业、生态农业和可持续农业的发展起着重要的作用。在生态农业和环境保护问题日益被重视的今天，粪肥还田、粪肥还林是必然趋势。

（2）可用作饲料，鸡粪中含有丰富的营养物质，据分析，鸡粪的干物质中含粗蛋白质 13.2% ~35% （其中真蛋白质 37% ~45%，尿酸 28% ~53%），粗纤维 11% ~15%，粗脂肪 2% ~4%。而据报道，一只成年蛋鸡每天的粪便排泄量为 300g，其中干物质重量大约为 60g。一个存栏为 10 万只的蛋鸡场每天粪便的排泄量达 30 吨，其中干物质重量约为 6 吨。因此对鸡粪进行去杂、杀菌、干燥等处理后，可用作牛、羊饲料，亦可用作蝇蛆、蚯蚓、蘑菇等的培养料。

（3）可用作能源，沼气发酵是微生物在厌氧条件下，将有机质通过复杂的分解代谢，最终产生沼气和沼渣的过程。沼气的发热值很高，一般为20 934～25 121kJ/m^3，燃烧最高温度可达1 400℃，高于城市液化气的热值，是一种优质高效燃料，从而缓解能源危机；沼渣是一种完全腐熟的高效无害绿色的有机肥，特别是用沼渣追肥后土质疏松，土壤质地好，农作物病虫害减少，蔬果口感好，进而推进无公害蔬菜种植等，既提高农业综合效益，也减少了对环境的污染。

(4) 可用作水源，污水经适当处理后可用作灌溉水、鱼塘补水等，经净化、消毒后可再用于冲洗鸡舍、道路，浇灌花木等。

如上述，本着“减量化、资源化、无害化”的原则，对鸡场污物进行合理处理利用，从而保护环境、化害为利、变废为宝，促进生态平衡并取得经济效益。

第二节　规模化鸡场污物处理的方法

随着养殖行业集约化程度的提高，下一阶段我国畜禽污染将主要来自于集约化养殖场和养殖小区，预计到2015年，我国仅规模化养殖场畜禽粪便产量将达到32.5亿吨。规模化畜禽养殖场污染物的排放具有集中度强、排放数量大、污染物浓度高等特点，带来了不容忽视的环境污染问题。

因此，在规模化、规模化鸡场生产过程中应尽量做到污染物减量化，处理污染物的过程无害化，处理后的物料资源化，对保护生态环境，推动农业可持续发展和增强中国农产品市场竞争力具有十分重要的意义。

为了减少规模化鸡场生产中污染物的排放总量，降低污水中的污染物浓度，从而降低处理难度及处理成本，同时使固体粪污的肥效得以最大限度地保存和处理利用，我国《畜禽养殖业污染防治技术政策》要求：规模化畜禽养殖场应逐步推行干清粪方式，最大限度地减少废水的产生和排放。排放的粪污应实行固液分离，粪便与废水分开处理和处置。

一、粪便的处理与利用

由于规模化鸡场鸡种类不同，饲养管理方式不同，养殖规模和养鸡场周围的环境条件也不同，所以可采用不同的粪便处理与利用方法。

1. 粪便自然发酵后直接还田　鸡粪便包含农作物所必需的氮、磷、钾等多种营养成分，施于农田有助于改良土壤结构，提高土壤的有机质含量，促进农作物增产。但未发酵腐熟的粪便中养分多为有机态或缓效态，不能被作物直接吸收利用，直接施用会使肥效减慢；患传染病的动物粪便中含有病原体，直接使用导致病虫害的传播、作物发病，对食用农产品的人而言身体健康也会产生影响；未腐熟有机物质在土壤中发酵时，产生的热量会影响作物生长，严重时会导致植株死亡，发酵分解过程中产生的甲烷、氨等有害气体，会对土壤产生酸害及损伤作物根系，所以粪便还田之前必须经发酵腐熟。

这种处理方法是让粪便在堆粪场自然堆腐熟化，符合 GB 7959—87 要求后，直接施入有足够消纳能力的土地，作为肥料供农作物吸收消化。这种处理方法简单，成本低，但机械化程度低，劳动生产率低，不利于卫生。

进行还田利用，粪肥用量不能超过作物当年生长所需的养分量，同时要符合当地环境容量的要求。应有一倍以上的土地用于轮作施肥，不得长期施肥于同一土地。堆粪场应采取有效的防渗防漏措施。地面宜为 15 ~20cm 厚的混凝土、坡度 2%；四周建 1. 5m 左右高的砖墙；其上搭建雨棚，防止降雨（水）的进入；堆粪场内还应设渗滤水收集沟，并与污水收集系统相连。

2. 好氧堆肥法生产有机肥　好氧堆肥是利用好氧微生物，控制其活动水分、酸碱度、碳氮比、空气、温度等各种环境因素，使之分解利用鸡粪便中各种有机物，达到矿质化和腐殖化的过程。此法可以造成高温环境，能杀灭病原微生物和寄生虫，释放速效性养分，最终得到一种无害的腐殖质类肥料。

（1）好氧堆肥生产有机肥基本工艺：好氧堆肥通常由前处理、

主发酵、后发酵、贮存等工序组成，工艺流程见图6.1。

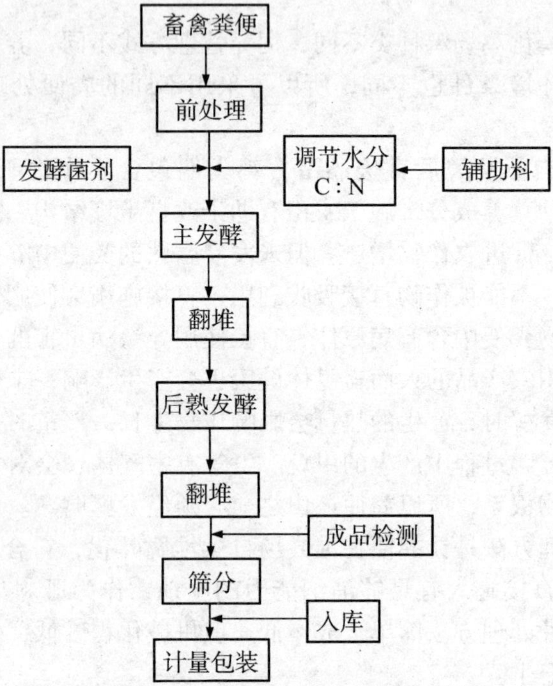

图6.1 好氧堆肥生产有机肥工艺流程

1）前处理：在以鸡粪便为堆肥原料时，前处理主要是调整水分和碳氮比（C∶N）。调整后应符合下列要求：粪便的起始含水率应为40%～60%；碳氮比（C∶N）应为20∶1～30∶1，可通过添加植物秸秆、稻壳等物料进行调节，必要时需添加菌剂和酶制剂；pH值应控制在6.5～8.5。前处理还包括破碎、分选、筛分等工序，这些工序可去除粗大垃圾和不能堆肥的物质，使堆肥原料和含水率达到一定程度的均匀化；同时原料的表面积增大，更便于微生物的繁殖，提高发酵速度。从理论上讲，粒径越小越容易分解。但是，考虑到在增加物料表面积的同时，还必须保持一定的孔隙率，以便于通风而使物料能够获得充足的氧气。一般而言，适宜的粒径范围是12～60mm。

2）主发酵：主发酵可在露天或发酵装置内进行，通过翻堆或强制通风向堆积层或发酵装置内供给氧气。在原料和土壤中存在的微生物作用下开始发酵。首先是易分解物质分解，产生二氧化碳和水，同时产生热量，使堆温上升，这时微生物吸取有机物的硫氮营养成分，在细菌自身繁殖的同时，将细胞中吸收的物质分解而产生热量。发酵初期物质的分解作用是靠嗜温菌（30～40℃为其最适宜生长温度）进行的，随着堆温的上升，适宜45～65℃生长的嗜热菌取代了嗜温菌。通常，将温度升高到开始降低为止的阶段为主发酵阶段。以生活垃圾和鸡粪尿为主体的好氧堆肥，主发酵期为4～12d。

3）后发酵：经过主发酵的半成品被送到后发酵工序，将主发酵工序尚未分解的有机物进一步分解，使之变成腐殖酸、氨基酸等比较稳定的有机物，得到完全成熟的堆肥制品。通常，把物料堆积到1～2m高以进行后发酵，并要有防雨水流入的装置，有时还要进行翻堆或通风。后发酵时间的长短，决定于堆肥的使用情况。例如，堆肥用于温床（能够利用堆肥的分解热）时，可在主发酵后直接使用；对几个月不种作物的土地，大部分可以不进行后发酵而直接施用；对一直在种作物的土地，则要使堆肥进行到能不致夺取土壤中氮的程度。后发酵时间通常在20～30d。

4）贮存：堆肥一般在春秋两季使用，夏冬两季生产的堆肥只能贮存，所以要建立贮存6个月生产量的库房。贮存方式可直接堆存在二次发酵仓中或袋装，这时要求干燥而透气，如果密闭和受潮则会影响制品的质量。

5）脱臭：在堆肥过程中，由于堆肥物料局部或某段时间内的厌氧发酵会导致臭气产生，污染工作环境，因此，必须进行堆肥排气的脱臭处理。去除臭气的方法主要有化学除臭剂除臭，碱水和水溶液过滤，熟堆肥或活性炭、沸石等吸附剂过滤。较为常用的除臭装置是堆肥过滤器，臭气通过该装置时，恶臭成分被熟化后的堆肥吸附，进而被其中好氧微生物分解而脱臭。也可用特种土壤代替熟堆肥使用，这种过滤器叫土壤脱臭过滤器。若条件许可，也可采用热力法，将堆肥排气（含氧量约为18%）作为焚烧炉或工业锅炉的助燃空气，利用炉内高温，热力降解臭味分子，消除臭味。

（2）好氧堆肥发酵方法：目前，好氧堆肥发酵方法应用较普遍的通常有五种：翻堆式条堆法、静态条堆法、发酵槽发酵法、滚筒式发酵法与塔式发酵法。

1）翻堆式条堆法：将鸡粪便、谷糠粉等物料和发酵菌经搅拌充分混合，水分调节在55%～65%，堆成条堆状（图6.2）。典型的条形堆宽为4.5～7.5m，高为3～3.5m，长度不限，但最佳尺寸要根据气候条件、翻堆设备、原料性质而定。每2～5d可用机械或人工翻垛一次，35～60d腐熟。此种形式的特点是投资较少，操作简单，但占地面积较大，处理时间长，易受天气的影响，易对地表水造成污染，适用于中小型养鸡场。

图6.2　翻堆式条堆法

2）静态条堆法：这是翻堆式条堆法的改进形式，在发达国家普遍使用。静态条堆法与翻堆式条堆法的不同之处在于：堆肥过程中不进行物理的翻堆供氧，而是通过专门的通风系统进行强制供氧。通风供氧系统是静态条堆法的核心，它由高压风机、通风管道和布气装置组成。根据是正压还是负压通风，可把强制通风系统分成正压排气式和负压吸气式两种（图6.3）。静态条堆法的优点在于：相对于翻堆式条堆法，其温度及通气条件能得到更好控制；产品稳定性好，能更有效地杀灭病原菌及控制臭味；堆腐时间相对较短，一般为 2 ~ 3 周；由于堆腐期相对较短，占地面积相对较小。

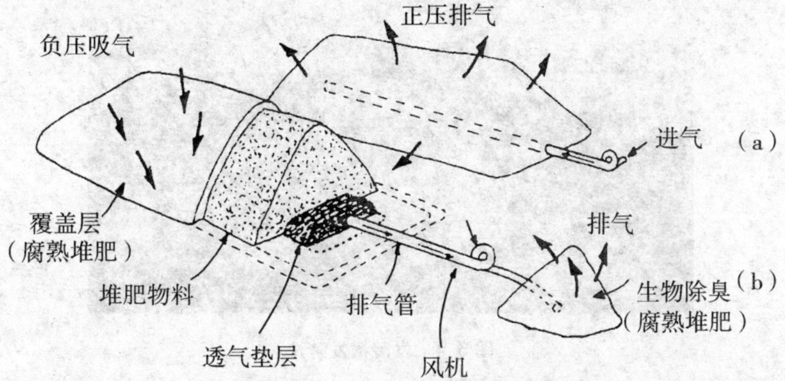

图 6.3　静态条堆法示意图

（a）正压排气通风　（b）负压吸气通风

3）发酵槽发酵法：是目前国内较流行的一种堆肥系统，它是将待发酵物料按照一定的堆积高度放在一条或多条发酵槽内，在堆肥化过程中根据物料腐熟程度与堆肥温度的变化，每隔一定时期，通过用翻堆设备对槽内的物料进行翻动，让物料在翻动过程中能更好地与空气接触（图 6.4）。发酵槽式堆肥系统通常由四部分组成：槽体装置、翻堆设备、翻堆机运转设备、布料及出料设备。该形式操作简单，生产环境较好，适用于大中型养鸡场。

4）滚筒式发酵法：发酵滚筒（图 6.5）为钢结构，并设有驱动装置，安装成与地面倾斜 1.5° ~ 3°的角度，采用皮带输送机将物料送入滚筒，滚筒定时旋转，一方面使物料在翻动中补充氧气；另一方面，由于滚筒是倾斜的，在滚筒转动过程中，物料由进料端缓慢向出料端移动。当物料移出滚筒时，已经腐熟。该形式自动化程度较高，投资相对较低，且生产环境较好，适用于中小型养鸡场。

5）塔式发酵法：主要有多层搅拌式发酵塔和多层移动床式发酵塔两种（图 6.6）。多层搅拌式发酵塔被水平分隔成多层，物料从仓

图 6.4　发酵槽发酵法

图 6.5　滚筒式发酵机

顶加入，在最上层靠内拨旋转搅拌耙子的作用，边搅拌翻料，边向中心移动，然后从中央落下口下落到第二层。在第二层的物料则靠外拨旋转搅拌耙子的作用，从中心向外移动，并从周边的落下口下落到第三层，以下依此类推。可从各层之间的空间强制鼓风送气，也可不设强制通风，而靠排气管的抽力自然通风。塔内前二、三层物料受发酵热作用升温，嗜温菌起主要作用，到第四、五层进入高温发酵阶段，嗜热菌起主要作用。通常全塔分 5 ~ 8 层，塔内每层上物料可被搅拌器耙成垄沟形，可增加表面积，提高通风供氧效果，促进微生物氧化分解活动。一般发酵周期为5~8d，若添加特殊菌种作为发酵促进剂，可使堆肥发酵时间缩短到2~5d。这种发酵仓的优点在于搅拌很充分，但旋转轴扭矩大，设备费用和动力费用都比较高。除了通过旋转搅拌耙子搅拌、输送物料外，也可用输送带、活动板等进行物料的传送，利用物料自身重力向下散落，实现物料的混合和获得氧气。图6.6（b）所示是多层移动床式发酵塔，其工作过程与多层搅拌式发酵塔基本相同。

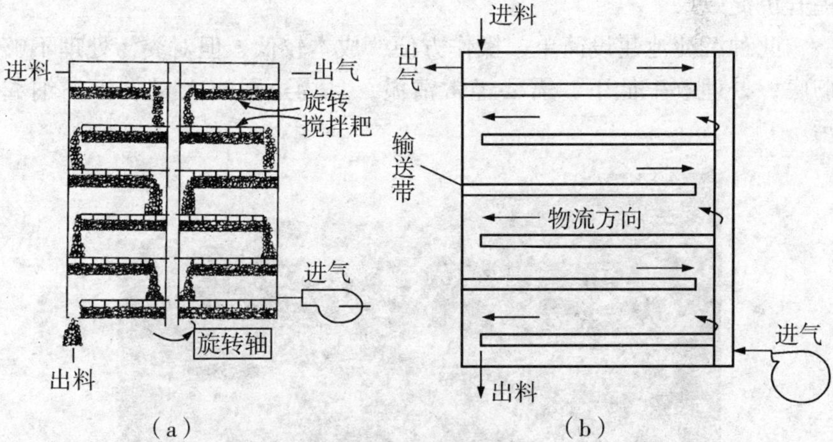

图6.6　多层发酵塔

（a）搅拌式　（b）移动床式

二、污水的处理与利用

养鸡场产生的污水应根据养鸡场规模、周边可消纳粪污土地、区域环境要求等因素，采用不同的综合利用与处理模式。

1. 沉淀处理还田模式　这是一种采用物理沉淀和自然发酵的方法来达到污水减排处理目的的治污方法，最常用的是三级沉淀法。

三个沉淀池串联在一起（图6.7），第一级主要起沉淀作用，也有部分有机物质进行分解；第二、三级处于厌氧消化状态，主要对污水中溶解的有机质进行厌氧分解。污水在三个沉淀池内进行沉淀、处理，处理后出水供周边农田或果园利用，池底沉积粪污作为有机肥直接利用或和固体粪便一起进行有机肥生产。

沉淀池大小需根据养鸡量确定，但池体容积最低不得小于50m^3；池体有效深度一般为1.5～2m。三级沉淀池建设可采用砖混结构，为防止池底渗透，底部采用钢筋混凝土浇筑。池体四周墙采用砖砌24墙，墙面水泥抹浆，浆厚度不得低于10mm。池顶加盖预制板，防止雨水进入。每格池体进出水口均开口于隔墙顶部一侧，左右交错，进出口、漫溢口均设栏网，便于固液分离，适当减缓流速，截留浮渣，提升沉淀效果。

此种沉淀池建设简单，操作方便，成本较低，但对粪污处理不够彻底，处理效率低下，需要经常清淤，且周边要有大量农田消纳粪污。

图6.7　三级沉淀池

2. 生态利用模式　即厌氧发酵（沼气池处理）+还田。

该模式就是将污水厌氧消化后，出水灌溉农田或果园，沼液、沼渣作为有机肥还田利用的一种能源生态型处理模式。

该模式主要工艺流程（图6.8）：污水经过格栅，将残留的干粪和残渣拦截并清除，清除出的残渣出售或生产有机肥。而经过格栅拦截后的污水则进入厌氧消化池进行沼气发酵。发酵后的出水、沼液还田利用，沼渣可直接还田或制造有机肥。

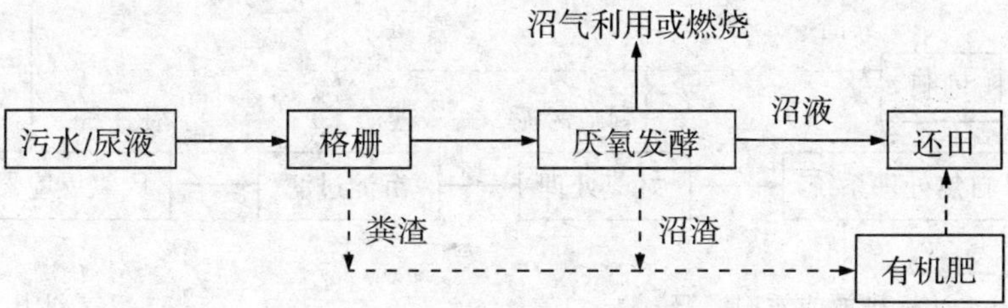

图 6.8　污水生态利用模式工艺流程

该模式实现了“养—沼—种”结合，没有沼渣、沼液的后处理环节，投资相对较小，能耗低，而且不需专人管理，运转费用低；但需要有大量农田来消纳沼渣和沼液，要有足够容积的贮存池来贮存暂时没有施用的沼液。这种模式适用于气温较高、土地宽广、有足够的农田消纳养鸡场粪污的农村地区，特别是种植常年施肥作物，如蔬菜、经济类作物的地区。

3. 深度处理模式　污水深度处理达到排放标准。

该模式是污水经厌氧发酵等工艺处理后，厌氧出水必须再经过进一步处理，达到国家和地方排放标准，既可以达标排放，也可以作为灌溉用水或场区回用。

该模式主要工艺流程（图 6.9）：养鸡场污水经过预处理，去除大的悬浮物并经水质、水量调节后，进行厌氧生物处理，厌氧出水通常有机质含量仍较高，达不到排放标准，所以进入好氧单元进行好氧生物处理。厌氧处理产生的沼渣可和固态粪便一起制造有机肥，沼气可经净化处理后通过输配气系统，用于居民生活用气、锅炉燃烧、沼气发电等。经过好氧处理后，为保证处理污水达到排放标准，可根据可供利用的土地资源面积和适宜的场地条件，在通过环境影响评价和技术经济比较后，选用适宜的自然处理工艺进行深度处理。

污水深度处理模式占地少，适应性广，几乎不受地理位置、气候条件的限制，而且治理效果稳定，处理后的出水可达行业排放标准；

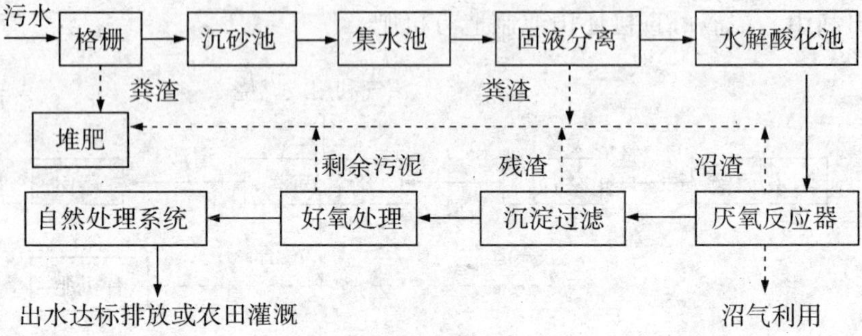

图6.9　污水深度处理模式工艺流程

缺点是投资大，能耗高，运行费用大，机械设备多，维护管理复杂，规模小的养鸡场较难承受。该模式主要适用于生态敏感地区以及周围土地紧张、没有足够的土地来消纳粪污，且污水产生量较大的规模化养鸡场。

(1) 厌氧生物处理：对于养鸡生产产生的高浓度有机质污水，通常先进行厌氧处理之后再进行后续处理。因为厌氧消化可以将大量的可溶性有机物去除，自身耗能少、运行费用低，且产生能源（沼气）。

厌氧反应器容积宜根据水力停留时间（HRT）确定，水力停留时间（HRT）不宜小于5d。宜采用常温发酵，但温度不宜低于20℃。当温度条件不能满足工艺要求时，厌氧反应器应设置加热保温措施。厌氧反应器应达到水密性与气密性的要求，应采用不透气、不透水的材料建造，内壁及管路应进行防腐处理。

目前用于处理养鸡场污水的厌氧反应器很多，其中较为成熟且常用的厌氧反应器有上流式厌氧污泥床反应器（UASB）、厌氧过滤器（AF）、折流式厌氧反应器（ABR）等。

1）上流式厌氧污泥床反应器：上流式厌氧污泥床反应器（UASB）如图6.10所示，废水自下而上地通过厌氧污泥床反应器。在反应器的底部有一个高浓度、高活性的污泥层，大部分的有机物在这里被转化为甲烷（CH_4）和二氧化碳（CO_2）。由于气态产物（消化气）的搅动和气泡黏附污泥，在污泥层之上形成一个污泥悬浮层。反应器的上部设有三相分离器，完成气、液、固三相的分离。被分离的消化气从上部导出，被分离的污泥则自动没落到悬浮污泥层，出水则从澄清区流出。

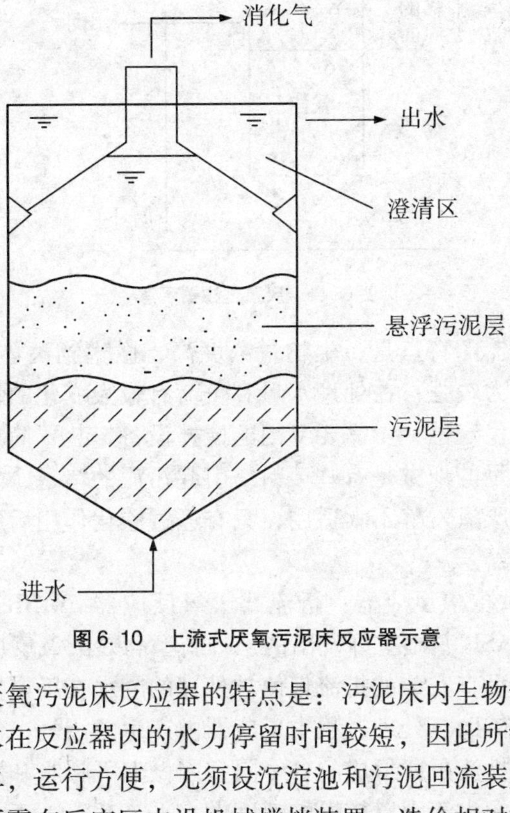

图 6.10　上流式厌氧污泥床反应器示意

上流式厌氧污泥床反应器的特点是：污泥床内生物量多；容积负荷率高，废水在反应器内的水力停留时间较短，因此所需池容大大缩小；设备简单，运行方便，无须设沉淀池和污泥回流装置，不需要充填填料，也不需在反应区内设机械搅拌装置，造价相对较低，便于管理，且不存在堵塞问题。

2）厌氧过滤器：又称厌氧生物滤池（AF），如图 6.11 所示，是一种内部装填有微生物载体（滤料）的厌氧生物反应器。厌氧微生物部分附着生长在滤料上，形成厌氧生物膜，部分在滤料空隙间悬浮生长。污水流经挂有生物膜的滤料时，水中的有机物扩散到生物膜表面，并被生物膜中的微生物降解转化为沼气，净化后的水通过排水设备排至池外，所产生的沼气被收集利用。

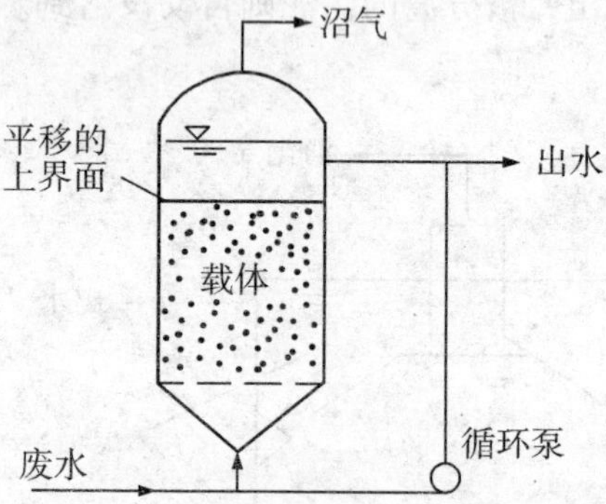

图 6. 11　厌氧过滤器示意

厌氧过滤器的特点是：生物量浓度高，微生物菌体停留时间长，耐冲击负荷能力较强；在处理水量和负荷有较大变化的情况下，运行能保持较大的稳定性；不需要专门的搅拌设备，装置简单，工艺自身能耗低。其不足的地方是有些填料易引起污泥的堵塞，故对悬浮物较多的生物料的厌氧发酵不太适用，只有经过酸化作用后的酸化液才能进入厌氧过滤器。

3）折流式厌氧反应器：折流式厌氧反应器（ABR），如图 6. 12 所示，是在 UASB 基础上开发出的一种新型高效厌氧反应器。反应器中使用一系列垂直安装的折流板使被处理的废水在反应器内沿折流板做上下流动，借助于处理过程中反应器内产生的沼气，使反应器内的微生物固体在折流板所形成的各个隔室内做上下膨胀和沉淀运动，而整个反应器内的水流则以较慢的速度做水平流动。由于水流绕折流板流动而使水流在反应器内的流径的总长度增加，再加之折流板的阻挡及污泥的沉降作用，生物固体被有效地截留在反应器内。

折流式厌氧反应器的特点是：污泥浓度较高，有机负荷较高，水力停留时间短；对冲击负荷及进水中的有毒有害物质具有很好的缓冲适应能力；反应器内每个独立的反应室驯化着与该处环境条件相适应

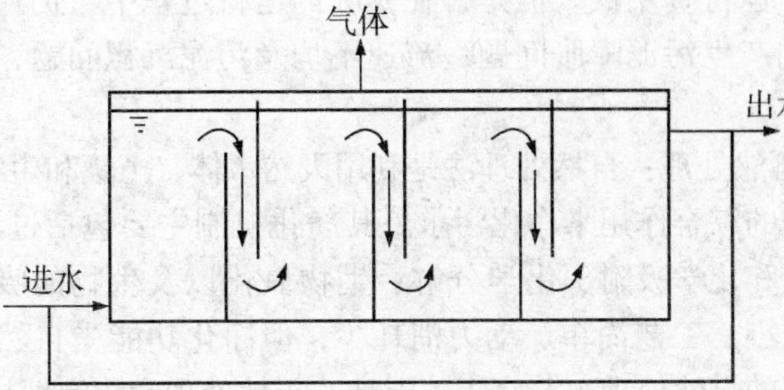

图 6.12　折流式厌氧反应器示意

的微生物，出水水质好，运行稳定；反应器不设载体，不需三相分离器，避免堵塞并节省投资。

（2）好氧生物处理：好氧生物处理宜采用具有脱氮功能的工艺，如序批式活性污泥法（SBR）、氧化沟等。

1）序批式活性污泥法：序批式活性污泥法是活性污泥法的一个变型，它的反应机制以及污染物质的去除机制与传统活性污泥基本相同，仅运行操作不同。SBR 工艺是按时间顺序进行进水、反应（曝气）、沉淀、出水、排泥等五个程序操作，从污水的进入开始到排泥结束称为一个操作周期，一个周期均在一个设有曝气和搅拌装置的反应器（池）中进行。这种操作通过微机程序控制周而复始反复进行，从而达到污水处理之目的。

SBR 工艺最显著的特点是不需要设置二沉池和污水、污泥回流系统；通过程序控制合理调节运行周期使运行稳定，并实现除磷脱氮；占地少，投资省，基建和运行费用低。

2）氧化沟：又名氧化渠，因其构筑物呈封闭的环形沟渠而得名。它是活性污泥法的一种变型。该工艺使用一种带方向控制的曝气和搅动装置，向反应池中的物质传递水平速度，从而使被搅动的污水和活性污泥在闭合式渠道中循环。

氧化沟法特点：较长的水力停留时间，较低的有机负荷和较长的污泥龄；相比传统活性污泥法，可以省略调节池、初沉池、污泥消化池，处理流程简单，操作管理方便；出水水质好，工艺可靠性强；基建投资省，运行费用低。但是，在实际的运行过程中，仍存在一系列的问题，如产生污泥膨胀问题，流速不均及污泥沉积问题，污泥上浮问题等。

（3）自然处理：自然处理法是利用天然水体、土壤和生物的物理、化学与生物的综合作用来净化污水。其净化机制主要包括过滤、截留、沉淀、物理和化学吸附、化学分解、生物氧化以及生物的吸收等。这类方法投资小、工艺简单、动力消耗少，但净化功能受自然条件的制约。宜采用的自然处理工艺有人工湿地、土地处理和稳定塘技术。

1）人工湿地：是由人工建造和控制运行的与沼泽地类似的地面。将污水、污泥有控制地投配到经人工建造的湿地上，污水与污泥在沿一定方向流动的过程中，主要利用土壤、人工介质、植物、微生物的物理、化学、生物三重协同作用，对污水、污泥进行处理的一种技术。

人工湿地处理系统可以分为以下几种类型：自由水面人工湿地处理系统、人工潜流湿地处理系统和垂直水流型人工湿地处理系统。具有缓冲容量大、处理效果好、工艺简单、投资少、运行费用低等特点。

人工湿地适用于有地表径流和废弃土地，常年气温适宜的地区，选用时进水固态悬浮物宜控制为小于500mg/L，应根据污水性质及当地气候、地理实际状况，选择适宜的水生植物。

2）土地处理：是通过土壤的物理、化学作用以及土壤中微生物、植物根系的生物学作用，使污水得以净化的自然与人工相结合的污水处理系统。

土地处理系统通常由废水的预处理设施、贮水湖、灌溉系统、地下排水系统等部分组成。处理方式有地表漫流、灌溉、渗滤三种。采用土地处理应采取有效措施，防止污染地下水。土地处理的水力负荷应根据试验资料确定。无试验资料时，可按下列范围取值：慢速渗滤系统水力负荷0.5～5.0$m^3/(m^2 \cdot a)$，地下水最浅深度不宜小于1.5m；快速渗滤系统水力负荷5～120$m^3/(m^2 \cdot a)$，淹水期与干化期比值应小于1；地表漫流系统年水力负荷3～20$m^3/(m^2 \cdot a)$。

3）稳定塘：旧称氧化塘或生物塘，是一种利用天然净化能力对污水进行处理的构筑物的总称。其净化过程与自然水体的自净过程相似。通常是将土地进行适当的人工修整，建成池塘，并设置围堤和防渗层，依靠塘内生长的微生物及菌藻的共同作用来处理污水。

稳定塘污水处理系统能充分利用地形，结构简单，可实现污水资源化和污水回收及再用。具有基建投资和运转费用低、运行维护简单、便于操作、无需污泥处理等优点。缺点是占地面积过大；气候对稳定塘的处理效果影响较大；若设计或运行管理不当，则会造成二次污染。

稳定塘适用于有湖、塘、洼地可供利用且气候适宜、日照良好的地区。蒸发量大于降水量地区使用时，应有活水来源，确保运行效果。稳定塘宜采用常规处理塘，如兼性塘、好氧塘、水生植物塘等。

三、畜禽尸体、垫料、垃圾的处理方法

1. 畜禽尸体的处理方法

对鸡场动物尸体的有效处理是规模化鸡场卫生防疫的关键环节之一，处理病死鸡的方法主要有掩埋、焚烧、化制和碱解法等。

（1）掩埋。

1）选择掩埋地点应注意以下事项。

A. 准备好挖坑和运输尸体的工具。

B. 确定掩埋地点及其周围的工作场所需要面积的大小。

C. 从计划掩埋地点到人类活动地方的距离（如住所、道路或其他公共场所）。

D. 盛行风（在气味控制和管理方面很重要）。

E. 避免地点扰乱或侵蚀。洪水泛滥的平原或者角度大于5%的斜坡应避免使用。

F. 避开岩石地带。在岩石地带挖掘，需要特殊的工作，而且可能会增加挖掘时间和劳动强度及费用。

G. 避开地下和空中的设施。

H. 用篱笆将掩埋地点、动物或者闲人隔离开。如果可能的话，

篱笆要能在尸体处置后至少维持一年的时间。

I. 环境因素。比如掩埋地点的位置以及相关的深坑排水系统，水道、水库、水井、地下水位。应该建好分流堤岸或沟渠，以防地面水流入掩埋坑，并防止液体从掩埋的地点流出。

J. 准备好石灰（氧化钙或氢氧化钙），以有利于尸体的快速分解和有机物的快速破坏。

2）掩埋设备：最好使用打洞机，它的好处是：可高效地挖掘又深又长且边缘整齐的坑；将地面表层土和下层的土分开；将病死鸡尸体和其他污染物放进坑内掩埋而不会遭破坏。当然，装料机、推土机和筑路机都可以使用。

3）掩埋坑的要求：

A. 坑的边缘应垂直，并在考虑土壤、地下水层和设备的能力等因素的前提下尽量挖深。

B. 使用推土机时，坑的宽度应超过推土机推土叶片的宽度（约3m）。否则操作人员很难将尸体从一边推进坑里。

C. 坑的长度取决于病死鸡及其他污染物的多少，尽量避免将尸体放进坑内又搬动的情况。

D. 坑的容积应为2. 1m 宽乘以2. 7m 深。如果设备和土壤状况允许，最好挖得更深（4 ~6m）。坑被填埋后要覆盖1. 5m 以上厚的土，且埋葬地点地面以上有约1m 的土堆。

E. 每只鸡约需要930cm^3 空间，0. 03m^3 坑大约埋葬20kg 的鸡。被污染的产品和物品可以与鸡尸体一起埋葬。填土不要太实，以免尸腐产气造成气泡冒出和液体渗漏。

4）地点的管理：掩埋地点被封起来后，必须定期检测渗液等问题。一旦发现问题，必须采取适当行动（如建造分流堤岸或沟渠），使埋藏地点尽量恢复其原来的外观和状态。

埋藏第一年由于尸体的腐败，造成土层凹陷时，应定期修补。

在养鸡场重新饲养之前，应该再次检测是否存在对人或动物的生物或物理风险。因为埋藏点是一个污染地区，其周围需要建造一个防御墙以免人或动物的进入，此防御墙需维持一年之久。

（2）焚烧：焚烧方法包括开放焚烧和空气幕焚烧两种。

1）开放焚烧：焚烧时，尸体应该放在足够的燃烧材料上，燃烧和尸体应该被合理安放，以使充足的空气从尸体下的易燃材料进入燃烧堆（如柴堆）。

A. 焚烧地点的选择：焚烧地点应是一个平坦、远离公众视野但重型车辆又易进入的区域。

B. 燃料：燃料类型的选择应以其燃烧时对环境的影响很小为准。例如，有些形式的压力处置过的木材禁用，因为它燃烧时会散发出有毒的环境污染物。

C. 燃烧床。

D. 燃料要求：为了有效燃烧，固体燃料应尽可能干。推荐的燃料材料包括稻草或干草、未经处置的大块木料、引火性木材、煤及液体燃料。

2）空气幕焚烧：是在强力风扇的帮助下，材料在燃烧坑或高温的盒子里焚烧。但需要大量的干性燃料，焚化炉装有过多尸体而超载时，会减慢燃烧速度且导致不可控制的烟雾。空气幕焚烧是燃烧少量尸体时首选的方法，因为它造成的空气污染小，焚烧炉搭建方便，不可控性燃烧的危险与开放焚烧相比相对较小，且燃烧效力高，与燃柴相比燃烧温度更高。

空气幕焚烧设备包括一个大能量的风扇、导气管、复合管及在某些情况下需要的耐高温钢盒。复合管在燃烧坑或耐高温的盒子里形成一道空气幕。对焚烧炉来说，空气幕充当盖子，从燃烧坑边缘弯向火焰，提供超耗氧以增加火焰温度。

空气幕焚烧的优势之一是高效及对环境的影响小。尽管需要一些燃料点火，但燃烧一旦开始，对燃料的需要就会减少，燃烧取决于正在焚烧尸体的状态及品种。实验证明，1. 814kg 的动物尸体可以在 11m 深的坑里，1h 内完全燃烧，并对大气质量的影响较小。

空气幕焚化炉适用于连续性操作且可在处置地点之间移动。

空气幕焚化炉与挖燃烧坑结合使用优于使用耐高温盒子，因为燃烧坑使灰烬的处置一步到位。另外，燃烧坑可以容纳较多尸体。燃烧坑的结构可与掩埋坑相似，燃烧坑的长度由焚化炉的空气复合管决定。燃烧坑不能位于高水位地区或沙质土壤。垂直的坑壁有利于维持较高的燃烧温度。为了安全，应认真估测盛行风向。要严格遵照空气幕焚烧炉制造厂家提供的最佳坑尺寸。

（3）化制：主要包括炼油法和碱裂解法。

1）炼油法：是处理病死鸡尸体较经济的方法。但化制时，微量的水蒸气和材料（主要是脂肪颗粒）会随空气传播并存留在附近设备上。这些脂肪颗粒使从养鸡场开出的车辆的清洁和消毒复杂化，同时也使炼油设施的最后清洁和消毒复杂化。因此，只有达到最低程度传播病原体标准的炼油设施才能使用。这些标准包括以下七点：

A. 用来炼油的颗粒材料直径不能大于2.5cm。

B. 在炼油管中，必须连续监测材料的温度在规定的127℃。

C. 材料必须保持在127℃至少15min。

D. 非专业人员不得进入。

E. 材料输入区必须与产物（炼油）输出区完全分开，而且在没有实施清洁和消毒时，不能从输入区到输出区；可能带有污染物的设备禁止从输入区到输出区；可能污染到产物或者火车的输入区的排水道不得托运产物。

F. 工厂的空气流向必须是从产物区到材料输入区。

G. 已知感染传染性海绵状脑病（TSE）病原体的材料不得进行炼油。

2）碱裂解法：在碱裂解法中，氢氧化钠或氢氧化钾在高温高压下成为催化剂，水解尸体组织，只留下骨头和牙齿的废液和矿物成分。废液的pH值在11.4~11.7。如果用氢氧化钾，废液经脱水后可成为肥料。而骨头和牙齿易被压碎成细粉送往垃圾堆。尽管碱裂解法费用较便宜，但是这种设备的价格却非常昂贵。因此，疫病暴发时这种尸体处置方法有局限性。商业上所用的碱裂解法的设备是为控制在一定温度环境下的永久装置。目前，便携式碱裂解设备正在研制中。

第七章 规模化鸡场饲养管理技术

规模化鸡场的饲养管理技术必须规范化，对各项管理必须制度化、标准化、统一化，而且持之以恒地坚持下去，这样才能给鸡群创造一个最适宜的环境条件，使鸡群健康无病，最大限度地提高生产性能，创造更高的经济效益和社会效益。

第一节 饲养管理技术对防疫的意义

防疫是饲养管理技术中的一个重要环节，加强防疫工作是从根本上提高鸡群抗病能力的有效措施，但是饲养管理水平的高低是防疫成败的关键，所以饲养管理技术对防疫的意义重大。

饲养管理是由两种含义组成的，即饲养和管理。饲养是营养方面的属性，即喂什么饲料、喂多少、一天喂几次及饮水的质和量等问题。管理是指对外环境的人工控制，即为鸡群创造一个最适宜的外环境，包括温度、湿度、通风、光照、密度、卫生、防疫等内容。

饲养管理与免疫效果有密切关系，只有搞好饲养管理才能获得较为理想的免疫效果。

就饲养管理方面而言，给鸡群饲喂全价饲料和达标的饮水，可使鸡体内各种营养水平达到动态的平衡，激活体内的一切应答反应，各种免疫器官、组织、细胞生长发育迅速，不但能直接抗御各种疾病的侵袭，还能提高体内的各种免疫应答反应，对被动免疫提供有力支持，提高免疫速度，延长免疫时间，使鸡群获得更好的免疫效果。反之，若鸡群营养不良特别是缺乏维生素 A、维生素 D、B 族维生素、维生素 E 和多种微量元素都能降低鸡体对抗原的免疫应答，使免疫反应明显受到抑制。

就管理方面而言，采取封闭隔离育雏，可有效防控早期被野毒或强毒感染，因鸡体接种疫苗后需要一定时间才能产生免疫，这一时期往往称为免疫空白期，最容易被野毒或强毒感染造成免疫失败，所以采取封闭措施，加强消毒，杜绝野毒入侵可有效提高疫苗的免疫效果。

严格控制免疫抑制性疾病可有效提高免疫效果，如马立克病、淋巴白血病、传染性法氏囊、传染性贫血、球虫等疾病，可损害鸡的免疫器官如法氏囊、胸腺、脾脏、哈德氏腺、盲肠扁桃体及肠道淋巴滤泡等，从而出现免疫抑制，甚至造成免疫系统的破坏，严重影响其他疾病的免疫。

加强引种工作防止遗传因素垂直传播病和母源抗体水平对鸡体免疫效果的影响。动物机体对接种疫苗有无免疫应答，在很大程度上受遗传控制，不同动物免疫应答不同，即使同一品种的不同个体对同一疫苗的免疫应答也不同。有的动物甚至有先天性免疫缺陷，从而导致免疫失败。垂直传播病可在一周内引起子代发病死亡，抵抗力下降，免疫器官发育受阻，影响免疫效果。母源抗体过高、过低或不整齐都会影响首次免疫时间和疫苗用量，进而影响免疫效果。

控制各种应激因素的影响，可提高免疫效果。影响免疫应答的应激因素较多，如惊吓、注射、光线过强、舍温过高或过低、湿度过大或过小、通风不良、饲养密度过大、长途运输或突然更换饲料等，都会使机体肾上腺皮质激素分泌增加显著，损伤淋巴细胞，对巨噬细胞也有抑制作用，还能增加免疫球蛋白的分解代谢，降低或减弱免疫能力。

另外，采用正确的免疫方法，制定合理的免疫程序，不乱使用药物都可有效提高免疫效果。

第二节　规模化鸡场饲养管理要点

一、雏鸡的饲养管理要点

1. 育雏前的准备工作

（1）要确定育雏的数量规模。即确定全年总共育雏的数量，分几批养育及每批的数量规模。具体要根据以下因素来定：

1）房舍、条件。如果利用旧房舍和原有设备改造后使用，主要计算改造后房舍的每批育雏量有多少；如果是标准房舍和新购，则计算平均每育成一只雏鸡的房舍建筑费及购置费，再根据可能用于房舍的资金额，确定每批育雏的数量及房舍的规模。

2）饲料来源的可靠程度。根据育雏的饲料配方、耗料量标准以及各种优质饲料能够提供的数量（特别要注意蛋白质饲料及各种添加剂的满足供应），算出可养育鸡的数量及购买这些饲料所需的费用。

3）资金多少。将上述房舍及饲料费用合计，并加上适当的周转资金，算出所需的总投资额，再看实际筹措的资金与此是否相符。

4）看主要负责人的经营能力怎样及饲养管理人员的技术水平高低，估计能够完成多大规模的育雏任务。

5）要考虑必须依赖的其他物质条件及社会因素，如水源是否充足，水质有无问题，动力特别是电力和燃料的来源是否有保证，育雏必需的产前、产后服务（如饲料、疫苗、常用物资等的供应渠道及产品销售渠道）通畅程度与可靠性怎样。

最后将这五个方面的因素综合分析，确定每一批育雏的数量规模，这个规模大小应建立在可靠的基础上，也就是要求上述五个因素应该都有充分保证。首先应该结合考虑市场的需求、国家收购价格和利润率的大小来确定；每一批的育雏数量规模确定后，根据一年宜于养几批，决定全年育雏的总量。其次，需要选择适宜的育雏季节和育雏方式，因为选择得当，可以减少费用开支而增加收益。实际上育雏季节与方式的选择，在确定育雏规模和数量时就应结合考虑进去。再次，具体拟订进雏及雏鸡周转计划、饲料及物资供应计划、防疫计划、财务收支计划及育雏阶段应达到的技术经济指标。

（2）完成具体的准备工作。①房舍，无论改造旧房舍还是新建育雏室，都必须根据已定的育雏规模及合理的育雏密度，准备足够的育雏室面积，要求育雏室应该保温良好，便于通风、清扫、消毒及饲喂操作。用前需经修缮，堵塞鼠洞。②热源，无论采用什么热源，都必须事先检修好，进雏前经过试温，确保无任何故障。如有专门通风、清粪装置及控制系统，也都要事先检修完好。③饲料，每批育雏之前，应按计划需要将这批鸡的全部饲料订购落实，并要保证品质良好，不霉坏变质。④垫料与燃料，均要按计划的需要量提前备足。⑤药品，常用药品应常有适量的备用品。消毒药如煤酚皂、臭药水、新洁尔灭、氢氧化钠、生石灰、汽油、高锰酸钾、甲醛等，用以防治白痢病、球虫病的药物如痢特灵、球痢灵、氯苯胍、土霉素、吉霉素等；免疫程序规定所用的疫苗必须提前订购，或者承包给某兽医站按时进行免疫接种。⑥人员，要选择认真细心、吃苦耐劳、责任心强，具有一定养鸡知识或经验的人从事育雏管理工作，事先还应经过适当的专门训练。

（3）鸡舍的清扫与消毒。鸡出栏后清出粪便及垫料，然后用铁铲铲净，再次清扫，接着再用水冲洗，刷洗干净，最后将地面及2m以下的墙壁用8%～10%的熟石灰水涂刷。1%的氢氧化钠喷洒或涂刷，有条件时再用汽油喷灯进行火焰消毒，效果更好。金属物品洗净后可用0.1%的新洁尔灭溶液加0.5%的亚硝酸钠喷洒。也可用3%的煤酚皂溶液喷洒消毒用具及鸡舍地面。最后进行一次熏蒸消毒。方法是在上述消毒的基础上，铺入垫料，摆好用具，密闭门窗，按每立方米空间用福尔马林（40%的甲醛溶液）42mL、高锰酸钾21g的剂量，将药在搪瓷或陶瓷器皿中混合（注意器皿容量要比药量大4～5倍，以防消毒过程中溢出），人迅速离开，密闭房舍，熏蒸24h，第二天打开门窗排出气味即可。或打开排气扇排风。消毒后育雏室内不得随便进出人员和放置未经消毒的物品，而后升温等候接雏养育。

2. 雏鸡的饲养管理要点

（1）开食：第一次给初生雏鸡投喂料即雏鸡的第一次吃食称为“开食”。

1）开食的时间：在雏鸡初饮之后3h左右即可第一次投料饲喂。“开食”不宜过早，因此时雏鸡体内还有部分卵黄尚未被吸收，饲喂太早不利于卵黄的完全吸收。有试验表明雏鸡毛干后24h开食最好，超过48h小时开食，则明显消耗雏鸡体力，从而影响雏鸡的增重，容易出现假开食现象，造成伤亡，降低雏鸡成活率。

2）开食的饲料形态：开食用的饲料要新鲜，颗粒大小适中，最好用破碎的颗粒料，易于啄食且营养丰富，易消化。如果用全价粉料最好湿拌料。

3）开食的方法：把浅平料盘、塑料布或报纸放在光线明亮的地方，将料反复抛撒几次，雏鸡见到抛撒过来的饲料便会好奇地去啄食。只要有几只初生雏鸡啄食饲料，其余的雏鸡很快就跟着采食了。头3天喂料次数要多一些，一般为6～8次，以后逐渐减少，第六周时喂4次即可。食槽分布应均匀，和水槽间隔放开；平面育雏开始几天放得离热源近些，这样便于雏鸡取暖、采食和饮水。料、水盘数量根据雏鸡数量而定。笼养除笼内放料盘和料外，一周后笼外的料槽中也要定时加料，便于雏鸡及早到笼外的食槽中采食，每2h匀一次料，以防止料不均。

4）喂料量：每次喂料量是将计划每天的喂料量除以喂料次数确定。在每次喂料间隔中要匀料，并根据采食量情况调整给料量，尽量做到每次喂料时盘内或槽内饲料基本上采食干净，这样可减少饲料的浪费。

用湿拌料喂雏鸡时，每天最后一次喂料要用干粉料，特别是夏季，以免残存料过夜而导致饲料发酸变质，引起雏鸡腹泻。

（2）饮水：雏鸡第一次饮水为初饮。初饮一般越早越好，一般在毛干后3h即可接到育雏舍给予饮水，最晚也应尽量在48h内饮上水。因雏鸡出壳后体内的水分大量消耗，据研究报道，出雏24h后体内的水分消耗8%，48h后消耗15%。所以雏鸡进入鸡舍后应及时先给予饮水再开食。这样有利于促进肠道蠕动，吸收残留卵黄，排除粪便，增进食欲和饲料的消化吸收。初饮后无论如何都不能断水，在第一周内应给雏鸡饮用降至室温的开水，一周后可直接饮用自来水。

初饮时要注意的是，仅仅提供充足的饮水还不够，必须让雏鸡迅速饮到水，所以在初饮后要仔细观察鸡群，若发现有些鸡没有靠上饮水器，就要增加饮水器的数量，并适当增大光照强度。或人工辅助强制将喙摁入水中调教其饮水。初饮时的饮水中需要添加糖分、抗菌药物、多种维生素。糖分可用浓度为5%的葡萄糖，也可用浓度为8%的蔗糖。加糖能起到速效性的补充能源作用，以利体力恢复，消除应激反应，并使开饲顺利进行。此外通过同时投给吸收利用良好的水溶性维生素，还有可能增强其抗病力。饮水加糖、抗菌药物能提高雏鸡成活率和促进生长，但要注意不影响饮水的适口性为好。

饮水的调教：让雏鸡尽快学会喝水是必需的。调教的方法是：轻握住雏鸡，手心对着雏鸡背部，拇指和中指轻轻扣住颈部，食指轻按头部，将其喙部按入水盘，注意别让水没及鼻孔，然后迅速让鸡头抬起，雏鸡就会吞咽进入嘴内的水。如此反复3～4次，雏鸡就知道自己喝水了。一个笼内有几只雏鸡喝水后，其余的就会跟着迅速学会喝水。引导早饮水的方法最好是结合雏鸡进舍放入笼中时，把每只雏鸡的嘴都放在水中蘸一下，雏鸡就能很快学会饮水。

饮水的温度：供雏鸡饮用的水应是18～20℃的温开水。切莫用低温凉水。因为低温凉水会诱发雏鸡拉稀。水盘要放在光线明亮之处，要和料盘交错放置。平面育雏时水盘和料盘的距离不要超过1m。

（3）育雏舍的环境控制：环境控制包括温度、湿度、通风、光照、密度等的控制，这些是小鸡生长发育好坏的直接影响因素，如何控制好这些因素是育雏的关键。

1）温度的控制：适宜的温度是保证雏鸡成活的首要条件，必须认真做好。温度包括雏鸡舍的温度和育雏器内的温度。

刚出壳的鸡，体温调节功能还不健全，体温比成鸡低3℃，到4日龄时才开始升高，10日龄时才达到成鸡的体温，加之雏鸡的绒毛短，御寒力差，进食量少，所产生的热量也少，不能维持生活的需要，故在育雏期间，必须通过供温来达到雏鸡所需的适宜温度。供温的原则是：初期要高，后期要低；小群要高，大群要低；弱雏要高，壮雏要低；夜间要高，白天要低，以上高低温度之差为2℃。同时雏鸡舍的温度比育雏器内温度低5～8℃，育雏器内温度是靠近热源处温度高，远离热源的温度低，这样有利于雏鸡选择适宜的地方，也有利于空气的流动。育雏期的适宜温度为：1周龄为35～33℃，2周龄为33～30℃，3周龄为30～29℃，4周龄为28～27℃，5周龄为26～24℃，6周龄为23～21℃。

实际生产中往往是通过观察鸡群来调节温度。如果温度适宜，则小鸡活泼，食欲良好，饮水适度，羽毛光泽整齐，睡眠安静，睡姿伸头缩腿，均匀地分布在热源的周围；若温度过高，则小鸡远离热源，嘴和翅膀张开，张嘴喘息，呼吸加快，频频喝水；若温度过低，则小鸡靠拢在热源的附近，或挤成一团，羽毛竖立，行动迟缓，缩颈弓背，闭眼尖叫，睡眠不安；有贼风时，在避开贼风处挤成一团。育雏器的温度计应挂在育雏器的边缘，距离雏鸡背部10cm高度为宜。

2）湿度的控制：育雏舍的相对湿度应保持在60%～70%为宜。湿度的要求虽然不像温度那么严格，但在特殊的条件下也可能对雏鸡造成很大危害。如果出雏的时间太长，雏鸡不能及时喝上水，加之育雏舍内的湿度又不够，这种情况下雏鸡很容易脱水死亡。脱水症状为绒毛脱落，频频饮水，消化不良。但湿度亦不要超过75%，否则会出现高温高湿情况；超过75%时，夏季会高温高湿，冬季低温高湿，都会造成雏鸡死亡增加。一般育雏前期相对湿度高一些，后期要低，达到50%～60%即可。

3）通风的控制：由于雏鸡的新陈代谢旺盛，所以呼出二氧化碳量大，而且鸡的粪便中有20%～25%不能利用的物质，这些物质在一定条件下就开始分解，产生大量的有害气体，其中包括氨气、硫化氢和二氧化碳等，从而使得舍内的空气质量下降，影响雏鸡的正常发育。用煤炉供暖时应注意一氧化碳中毒，粉尘过高携带病菌时，易传播疾病并损害皮肤、眼结膜、呼吸道黏膜，危害雏鸡的健康和生长。要做到舍内空气清新，就必须注意通风换气。

通风换气的总原则是：按不同季节要求的风速调节；按不同品系要求的通风量组织通风；舍内没有死角。鸡舍的通风量按夏季的鸡的最大周龄所需的最大通风量设计。

4）光照的控制：科学正确地实行光照，能促进雏鸡的骨骼发育，适时达到性成熟。对于初生雏光照主要是影响其对食物的摄取和休息。初生雏的视力弱，光照强度要大一些，应为 20 ~ 30lx 的光照强度。幼雏的消化道容积较小，食物在其中停留的时间短（3h 左右），需要多次采食才能满足其营养需要，所以要有较长的光照时间，来保证幼雏足够的采食量。通常 0 ~ 2 日龄每天需要维持 24h 的光照时数，3 日龄以后逐日减少光照时数。

育雏光照原则：光照时间只能减少不能增加，以免性成熟过早，影响以后生产性能的发挥；人工补充光照不能时长时短，以免造成刺激紊乱，失去光照的作用，黑暗时间避免漏光。

5）密度的控制：每平方米容纳的鸡数为饲养密度，密度小不利于保温，而且也不经济；密度过大鸡群拥挤，容易引起啄癖，采食不均匀，造成鸡群发育不齐、均匀度差等问题的发生。

（4）雏鸡的断喙。

1）断喙的目的：断喙是防止各种啄癖的发生和减少饲料浪费的有效措施之一。在育雏过程中，由于光线过强、密度较大、饲料营养不全或通风不良等都可以造成啄癖。啄癖包括啄羽、啄肛、啄翅、啄趾等，轻者致伤残，重者可死亡。鸡采食时总是喜欢用喙啄食饲料，喙将不喜欢吃的东西剔除一旁，啄食喜爱的粒料。在采食粉状饲料时更是这样，以致一部分饲料被弄撒在地上，造成饲料的浪费。

2）断喙的时间：断喙一般在 8 ~ 10 日龄进行。此时对鸡的应激小，可节省人力，还可预防早期啄癖的发生。

3）断喙的方法：最好用电动断喙器，因它温度高，止血效果好，操作方便。插上断喙器电源，使刀片加热至发红。右手握雏鸡，大拇指放在鸡的脑后部，食指向上托鸡的喉部，以免烧伤舌头，倾斜放于刀片下，即可一次性切除上下喙。断喙不能过短也不可过长，过短起不到断喙的效果，过长影响采食量，使发育受阻。准确的长度为上喙切除1/2，下喙切除1/3，断喙后下喙略长于上喙。另一种经济实用的方法，用150～200W的电烙铁，把电烙铁头钻2mm的小孔。左手握住电烙铁，右手拿鸡，右手的拇指放在鸡头顶上，食指放在咽下，略施压力，使鸡缩舌，将鸡的喙塞入小孔转动3～5min，使喙尖颜色发黑或焦黄即可。

4）断喙时的注意事项：①断喙时鸡群应健康无病。②断喙前1～2d及断喙后1～2d应在饲料中按每千克料添加维生素K 2～4mg，有利于切口血液凝固，防止术后出血。按每千克料添加维生素C 150mg，可以起到良好的抗应激作用。③断喙后3天内料槽与水槽要加得满些，以利于雏鸡采食，并避免采食时术口碰撞槽底而致切口流血。④雏鸡免疫接种前后两天或鸡群健康状况不良时暂不进行断喙。

（5）雏鸡的日常管理：育雏期管理的重点应在前10天内，因为小鸡刚出壳，一切都是新鲜的，一些功能不健全，一些习惯和本领需要饲养人员去教，所以每天要按照操作规程去做，使小鸡开始就有一个好习惯。

1）环境控制：保持合适的温度、相对湿度，一天之内要查看5～8次温、湿度计。保持良好通风，舍内空气新鲜。合理光照，防止忽长忽短，忽亮忽暗。适时调整和疏散鸡群，防止密度过大。

2）供水：每天供给充足清洁的饮水。

3）给料：每天给料的时间固定，使鸡群形成条件反射，从而增加采食量。给料的原则是少喂勤添。在换料时，要注意逐渐进行，不要突然全部更换，以免产生不适。

4）清粪：笼育和网上育雏时，每2～3d清一次粪便，以保持育雏舍清洁卫生。

5）卫生消毒：搞好环境卫生及环境和用具的消毒，定期用百毒杀、新洁尔灭等带鸡消毒。

6）整群：随时调出和淘汰有严重缺陷的鸡，注意护理弱雏，提高育雏质量。

7）观察鸡群：每隔1～2h观察一次鸡群，了解雏鸡采食、活动等情况，以了解雏鸡的健康情况；观察粪便的形状和颜色，以判断健康情况；观察雏鸡的羽毛状况、眼神、对声音的反应等，通过多方面判断鸡群状况并采取相应措施。

8）疾病预防：严格执行免疫接种程序，预防传染病的发生。每天早上要通过观察粪便了解雏鸡健康状况，主要看粪便的稀稠、形状及颜色等。2~7日龄时，为防止肠道细菌性感染进行预防投药。20日龄后，要预防球虫病的发生，投喂抗球虫药物。

9）记录：认真做好各项记录。包括温度、湿度、死亡、通风、饲料变化、采食量、饮水及投药等情况。

二、育成鸡的饲养管理

雏鸡从7周龄后进入育成阶段，这时期饲养管理的好坏，决定了鸡在性成熟后的体质、产蛋性能，所以这一阶段的饲养管理是十分重要的。

1. 育成鸡的饲养方式 目前，河北省的蛋鸡场从雏鸡到产蛋鸡主要有两段式和三段式饲养方式。

（1）两段式：大部分鸡场采用此种饲养方式。雏鸡在育雏舍养至8~13周龄，转入产蛋鸡舍。在夏季，防止育雏舍温度过高、通风不良、过于拥挤，在8周龄转一部分个体较大的鸡，其余的鸡1~2周后再转。对采用水槽饮水的蛋鸡舍，转群前，下调水槽的高度，以免影响鸡饮水，尤其是对发育慢、个体小的鸡。

（2）三段式：采用此种饲养方式，主要是一些规模较大、设施条件完善的鸡场。设育雏、育成、产蛋鸡舍。雏鸡从6周龄由育雏舍转入育成舍，饲养至18~19周龄转入产蛋鸡舍。该种饲养方式，适合于鸡的生长发育需要，便于饲养管理，但在冬季，由育雏舍转入育成鸡舍，应注意保温，以防应激诱发呼吸道疾病。

2. 育成鸡的饲养技术

（1）日粮过渡：从育雏期到育成期，饲料的更换是一个很大的转折。饲料更换的条件以体重和趾长指标为准。若达标，7周龄后开始更换饲料，分别用1/3、1/2和2/3的青年鸡料替换育雏料，更换期为一周；如果达不到标准，可继续饲喂雏鸡料，直至达标为止。如长期不达标，应查明原因。

（2）限制饲养：在育成期防止鸡采食过多，造成产蛋鸡体重过大或过肥，在此期间实行必要的数量限制，或能量、蛋白质水平给予限制。减少饲料消耗，控制体重增长，保证正常的脂肪蓄积，育成健康结实、发育匀称的后备鸡，防止早熟，降低产蛋期死淘率。

限制饲养多采用限量法，首先应掌握鸡的正常采食量，将饲料给量减少到正常采食量的90%，并保证饲料的质量。每1~2周称重一次，按鸡群的1%~5%抽样，不少于50只，以检验限饲效果。低于标准时，停止限饲；待鸡的体重超标时再限饲。保证每只鸡的采食、饮水位置，槽中料均匀。鸡群因注射疫苗、断喙、疾病、高温等应激时，应恢复为自由采食。

3. 育成鸡的管理技术

（1）适宜密度：无论是网上平养还是笼养，都要保持适宜的密度，才能使个体发育均匀。网上平养时每平方米12~15只；笼养时每只鸡有270~280cm^2的笼位，8cm左右的采食和饮水长度。

（2）性成熟控制：性成熟过早，就会早开产，产小蛋，持续高产时间短，出现早衰，产蛋量会减少；若性成熟晚，推迟开产时间，产蛋量会减少。因此，要控制性成熟，做到适时开产。控制性成熟的主要方法是控制光照。特别是10周龄后，光照对育成鸡的性成熟越来越敏感。育成鸡光照管理原则是光照时数应由长变短，或者是保持恒定，光照长度不能增加。一般8~10h，光照强度应由强变弱。

（3）温度的控制：育成鸡随日龄的增大，舍内温度应逐渐降低，过高的温度会使鸡群体质变弱。

（4）通风的控制：育成鸡生长速度快，产生的有害气体多。育成鸡在7~8周龄、12~13周龄和18~20周龄，要经过3次换羽。换羽期间鸡舍内的羽毛、尘埃随着鸡只的活动和其他因素而四处飞扬。因此，要加强通风换气，保持舍内空气清新。

（5）预防啄癖：断喙是预防啄癖的一个重要手段，应配合改善舍内环境、降低饲养密度、合理配制日粮、降低光照强度等措施。在14~16周龄转群前，对断喙不当或漏断的鸡，进行补断。

（6）卫生和免疫：搞好舍内卫生，定期消毒。检测抗体水平，适时免疫接种。转笼前，进行驱虫。

（7）转群：最好在17～18周龄，转群前后3d，饲料中多添加50%的多维，饮水中添加电解质。夏季在早、晚气温低时，冬季在中午气温高时，转群较为适宜。转群时，降低舍内的光照强度，以减少应激反应；抓鸡时要抓双腿不要抓翼，以免鸡只挣扎，折断鸡翼，动作不可粗暴，应轻抓轻放。淘汰病弱残鸡。

三、蛋鸡的饲养管理

目的在于最大限度地为产蛋鸡提供一个有利于健康和产蛋的环境，充分发挥其遗传潜能，生产出更多的优质商品蛋。

1. 环境控制

（1）温度控制：产蛋鸡的生产适宜温度范围是13～25℃，最佳温度范围是18～23℃。相对来讲，冷应激比热应激的影响小。在较高环境温度下，约在24℃以上，其产蛋蛋重就开始降低；27℃时产蛋数、蛋重降低，而且蛋壳厚度迅速降低，同时死亡率增加；达37.5℃时产蛋量急剧下降，温度在43℃以上，超过3h母鸡就会死亡。

（2）光照技术：为使母鸡适时开产，并达到高峰，充分发挥其产蛋潜力。在生产实践中，从20周龄开始，每周延长光照0.5～1h，使产蛋期的光照时间逐渐增加至14～16h，然后稳定在这一水平上，直到产蛋期结束。采用自然光照的鸡群，如自然光照时间不足，则用人工光照补足。为了方便管理，可以定为：无论在哪个季节都是早6点到晚8～10点为其光照时间，即每早6点开灯，日出后关灯，日落前再开灯至规定时间。完全采用人工光照的鸡群，可从早6点开始光照至20～22点结束。

（3）湿度：产蛋鸡环境的适宜湿度是60%～65%，但在40%～72%的范围，只要温度不偏高或不偏低对鸡影响不大。高温时，鸡主要通过蒸发散热，如果湿度较大，会阻碍蒸发散热，造成热应激。低温高湿环境，鸡散失热较多，采食量大，饲料消耗增加，严寒时会降低生产性能。在饲养管理过程中，尽量减少用水，及时清除粪便，保持舍内通风良好等，都可以降低舍内的湿度。

（4）通风换气：通风换气可以补充氧气，排出水分和有害气体，保持鸡舍内空气新鲜和适宜的温度，它与舍内的温、湿度密切相关。炎热季节加强通风换气，而寒冷季节可以减少通风，但为了舍内空气新鲜要保持一定的换气量。鸡舍中对鸡只影响较大的有害气体是下列几种：①二氧化碳：主要是鸡群呼吸时产生的，一般要求鸡舍中的含量不超过0.2%。②氨气：主要由粪便厌气性细菌分解而产生的。氨气易吸附在水的表面及鸡的口、鼻、眼等黏膜、结膜上，直接侵害鸡只。一般要求含量不能超过0.02%。③硫化氢：是由含硫的有机物分解而来的。超标时会引起急性肺炎和肺水肿及组织缺氧。④微生物尘埃：舍内的各种微生物吸附在尘埃和水滴上，被鸡吸入呼吸道会诱发和传播各种疾病。

2. 产蛋鸡的日常管理

（1）观察鸡群：注意观察鸡群的精神状态和粪便情况，尤其是清晨开灯后，若发现病鸡及时隔离并报告管理人员，观察鸡群的采食和饮水情况，还要注意歪脖、扎翅，有无啄肛、啄蛋的鸡，有无跑出笼外的鸡；检查舍内设施及运转情况，发现问题，及时解决。

（2）减少应激：任何环境条件的突然变化，都能引起鸡群的惊恐而发生应激反应。突出的表现是食欲不振、产蛋量下降、产软皮蛋、精神紧张，甚至乱撞引起内脏出血而死亡。这些表现需数日才能恢复正常。因此，应认真制定和严格执行科学的鸡舍管理程序，鸡舍固定饲养人员，每天的工作程序不要轻易改动，动作要稳，声音要轻，尽量减少进出鸡舍的次数，保持鸡舍环境安静。

（3）合理饲喂及充足的饮水：无论采用何种方法供料，必须按该鸡种饲养手册推荐的采食标准执行，过多过少都会产生不良影响，一旦建立，不宜轻易变动。喂料过程中要注意匀料，防止撒布不匀。要保证不间断供给清洁的饮水，炎热夏季要注意供给清洁的凉水。

（4）保持环境卫生：室内外定时清扫，保持清洁卫生。定期对舍内用具进行清洗、消毒。

（5）适时收蛋：蛋鸡的产蛋高峰一般在日出后的3～4h，下午产蛋量占全天的20%～30%。因此，每日至少上、下午各捡蛋一次，夏季三次。捡蛋时动作要轻，减少破损。

（6）及时淘汰低产、停产鸡：产蛋鸡与停产鸡、高产鸡与低产鸡在外貌及生理特征上有一定区别，及时淘汰低产鸡，可以节省饲料，降低成本和提高笼位利用率，可根据外貌和生理特征进行选择。

3. 不同产蛋时期的管理特点　产蛋鸡从16周龄起进入预产期，25周龄达到产蛋高峰，这个时期的饲养管理状况是否符合鸡的生长发育和产蛋的要求，对产蛋量影响极大。

（1）生理变化特点：育成鸡从18周龄左右进入产蛋鸡舍，体重迅速增加，生殖系统也迅速发育，卵泡快速生长，输卵管也迅速变粗变长，重量增加。体重增长和生殖系统发育同时进行。此时部分鸡开始产蛋，发育好的鸡在20周龄产蛋率达5%，22周龄达50%，24周龄达80%，所以这个时期鸡对饲料中的各种养分和外界环境条件要求十分严格。产蛋鸡进入预产期后，体内生理变化很大，无论是肉体还是精神上都处于一种生理应激状态，再加上转群、免疫、驱虫等影响，机体抵抗力下降，容易发生各种疾病。

（2）饲养管理措施：

1）适时转群，按时接种、驱虫：蛋鸡入笼工作最好在18周龄前完成，以便使鸡尽早熟悉环境。过迟易使部分已开产鸡停产或使卵黄落入腹腔引起卵黄性腹膜炎。在上笼前或上笼的同时应接种新城疫苗、减蛋综合征苗及其他疫苗。入笼后最好进行一次彻底的驱虫，对体表寄生虫如螨、虱等可喷洒药物驱除，对体内寄生虫可按每千克体重内服丙硫咪唑20～30mg，或用阿福丁（虫克星）拌料服用。转群和接种前后应在料中加入多种维生素、抗生素以减轻应激反应。

2）适时转换产蛋料：为了适应鸡体重和生殖系统的生长发育需求，可在18周龄开始喂产蛋鸡料，20周龄起喂产蛋高峰期料。同时在料中额外添加1倍量多种维生素。自由取食，开灯期间饲槽中要始终有料。

3）增加光照时间：多数养鸡场在育成期多采用自然光照法。18

周龄时，如果鸡群体重达到标准，可每天增加光照10min，直到产蛋最高峰时光照总时数达到每天15h或16h为止。产蛋期间光照原则是时间不能缩短、强度不能减弱。

4）创造舒适的环境条件：鸡产蛋期间最适宜的温度是13～23℃，冬季保持在10℃以上，夏季保持在30℃以下。保持室内空气流通，防止各种噪声干扰。保持环境和喂料、饮水、光照等稳定性。

5）做好疫病防治：加强卫生管理，坚持带鸡消毒和环境消毒制度，防止疫病传入。

4. 鸡群产蛋量突降原因与预防措施 一般鸡群产蛋都有一定的规律，即开产后几周即可达到产蛋高峰，持续一段时间后，则开始缓慢下降，这种趋势一直持续到产蛋结束。若产蛋鸡改变这一趋势，产蛋率出现突然下降，就要及时进行全面检查生产情况，通过分析，找出原因，并采取相应的措施。

（1）产蛋量突降的原因。

1）气候影响：季节的变换，尤其是在我国北方地区四季分明，季节变化时，其温差变化较大。若鸡舍保温效果不理想，将会对产蛋鸡群产生较大的应激影响，导致鸡群的产蛋量突然下降；灾害性天气影响，如鸡群突然遭受到突发的灾害性天气的袭击，如热浪、寒流、暴风雨雪等。

2）饲养管理不善：①停水或断料，如连续几天鸡群喂料不足、断水，都将导致鸡群产蛋量突然下降；②营养不足或骤变，如饲料中蛋白质、维生素、矿物质等成分含量不足和配合比例不当等，都会引起产蛋量下降；③应激影响，如鸡舍内发生异常的声音，鼠、猫、鸟等小动物窜入鸡舍，以及管理人员捉鸡、清扫粪便等，都可引起鸡群突然受惊，造成鸡群应激反应；④光照失控，如鸡舍发生突然停电、光照时间缩短、光照强度减弱、光照时间忽长忽短、照明开关忽开忽停等，都不利于鸡群的正常产蛋；⑤舍内通风不畅，如采用机械通风的鸡舍，在炎热夏天出现长时间的停电；⑥冬天为了保持鸡舍温度而长时间不进行通风，鸡舍内的空气污浊等都会影响鸡群的正常产蛋。

3）疾病因素：鸡群感染急性传染病，如鸡新城疫、传染性支气管炎、传染性喉气管炎及产蛋下降综合征等都会影响鸡群正常产蛋。此外，在蛋鸡产蛋期间接种疫苗，投入过多的药物，会产生毒副作用，也可引起鸡群产蛋量下降。

4）连产中休产日期同步：若出现休产同步时，可短暂地出现产蛋下降，几天后即可恢复，可能出现一定的周期性。

（2）预防措施。

1）减少应激：在季节变换、天气异常时，应及时调节鸡舍的温度和改善通风条件。在饲料中添加一定量的维生素等，可减缓鸡群的应激。

2）科学光照：产蛋期间应严格遵循科学的光照制度，避免不规律的光照，产蛋期间，光照时间每天为14～16h。

3）经常检修饮水系统：应做到经常检查饮水系统，发现漏水或堵塞现象应及时进行维修。

4）合理供料：应选择安全可靠、品质稳定的配合饲料，日粮中要求有足量的蛋白质、蛋氨酸和适当维生素及磷、钠等矿物质。同时要避免突然更换饲料。如必须更换，应当采取逐渐更换法，即先更换1/3，再换1/2，然后换2/3，直到全部换完。全部过程以5～7d为宜。

5）做好预防、消毒、卫生工作：接种疫苗应在鸡的育雏及育成期进行，产蛋期也不要投喂对产蛋有影响的药物。及时进行打扫和清理工作，以保证鸡舍卫生状况良好。每周内进行1～2次常规消毒，如有疫情要每天消毒1～2次，用安全的消毒剂对鸡舍顶棚、墙壁、地面及用具等进行喷雾消毒。

6）科学喂料：固定喂料次数，按时喂料，不要突然减少喂量或限饲，同时应根据季节变化来调整喂料量。

7）搞好鸡舍内温度、湿度及通风换气等管理：通常鸡舍内的适宜温度为5～25℃，相对湿度控制在55%～65%。同时应保持鸡舍内空气新鲜，在无检测仪器的条件下以人进鸡舍感觉不刺眼、不流泪、无过臭气味为宜。

8）注意日常观察：注意观察鸡群的采食、粪便、羽毛、鸡冠、呼吸等状况，发现问题，应做到及时治疗。

第三节　规模化鸡场饲养管理的误区

一、饲养误区

1. 重视育雏而轻视育成　鸡群的高产、稳产是获取最大效益的保证，培育合格的后备鸡是鸡群高产、稳产的重要环节。然而在实际的饲养管理过程中，养殖户往往把精力放在育雏阶段，在育雏阶段从各方面均能按种鸡公司提供的措施管理雏鸡，甚至有的养殖户为了雏鸡的健康生长，使用肉仔鸡料来满足雏鸡的营养需要以达到快速增长的目的，然而在决定高产的主要时期——育成的早期阶段（育成鸡10周龄的体重达标与否将决定蛋鸡产蛋性能的80%左右），因不能带来明显的经济效益而往往被养殖户所忽略，很多的养殖户在此阶段，为了节约饲养成本，使用低品质的配方饲料，导致8～10周龄的体重不达标、鸡群均匀度差，错失了决定其高产的主要管理时期，使得鸡群日后出现产蛋性能不高，产蛋高峰不高、产蛋高峰期持续时间短等不良后果。因使用低营养饲料，鸡体为满足自身的生长需要，大量采食低营养日粮导致胃变大，使其产蛋期采食量比正常饲养条件下多采食5～10g，这样从整个蛋鸡的经济效益来讲，大大增加了养殖成本，造成很大的损失。

2. 忽视5周龄体重标准　有句行话“5周定终身”，5周龄体重能否达标对鸡群产蛋性能影响很大。但在生产中常常只重视育雏期的成活率，忽视5周龄体重，常因鸡群密度大、断喙不当、饲料营养低等因素造成5周龄体重不达标，单纯依赖药物提高成活率不利于后期生长和产蛋性能的提高。

3. 育雏阶段划分不当　育雏强调骨架和体重双达标，骨架反映骨骼和蛋白营养状况，也反映内脏发育状况；体重反映饲养条件和能量营养状况。所以育雏不应以时间划分，通常42d若达到体重标准，可过渡到育成料；若不达标，继续喂育雏料到56d、57d换育成料。

一般不要在56d之后仍喂育雏料，以免胃肠容量太小，产蛋期采食量上不去，影响产蛋性能。

4. 忽视预产期饲养 育成鸡料过早或过晚过渡到蛋鸡料，会导致初产鸡腹泻，甚至出现瘫痪鸡、薄皮蛋、沙皮蛋、软壳蛋增多等现象。应在鸡群16周龄至5%产蛋率阶段使用预产料。

5. 各种营养要素的失衡 一是有的养殖户追求饲料的高蛋白，在雏鸡正常饲料中加入过多的蛋白质含量高的原料，如鱼粉、奶粉、蚕蛹等。由于雏鸡肾代谢功能还不很完善，机体产生的大量尿酸盐不能顺利排出而沉积于内脏器官或关节表面，引起痛风；也有的养殖户在饲料中加入的鱼粉超过10%，甚至更高，造成雏鸡消化功能紊乱。二是在正常饲料中加入过多的动、植物油脂，使饲料中脂肪含量过高，引起脂肪肝综合征。三是过量补充钙，怕鸡缺钙产软壳蛋，故盲目补钙，有的采用多喂贝壳粉的办法补钙，致使饲料中贝壳粉的含量达8%以上，使鸡的消化器官受到损害，造成腹泻、食欲减退，从而影响钙、磷的吸收。四是超量添加多维素及其他添加剂，致使鸡消化功能障碍，甚至引起中毒等。

6. 为降低饲料成本而选用低档饲料 低档劣质饲料虽然单价低，但料蛋（肉）比高，饲料成本反而高。因此，选择饲料应看饲料成本而不应只看饲料单价或料蛋（肉）比。另外有些养鸡户认为，蛋价低行情不好时选择低档饲料，等行情好时再用好料，其实这个观点也是不对的，不管行情好与不好，我们都应追求最低饲养成本。

7. 配方不合理 季节不同鸡的采食量不同，决定着其饲料配方也需要“随季应变”，而现阶段大部分养殖户常年使用一个饲料配方，导致营养不合理，影响经济效益。

8. 滥用饲料添加剂 不少养殖户将饲料添加剂视为提高生产性能的万能药，不根据饲料各种营养成分的含量多少，而滥用添加剂，既加大了养鸡的饲料成本，又破坏了各种营养物质的平衡，经济上得不偿失。

9. 饲料过渡问题 很多鸡场突然换料，缺乏有效的过渡，这造成换料之后7~14d蛋鸡生长缓慢，体重离标准更远了。正确的换料方法应采用37－55－73方式，过渡9d即育成料先加30%，再加到50%，再加到70%，之后完全换成育成料。

10. 过早催产　不根据产蛋鸡的生产发育规律和营养需要，而盲目地提高饲养标准，加大营养成分含量，致使产蛋鸡提早开产日龄（有养殖户称蛋鸡90天已开产——早熟啊!!难怪产蛋高峰期短哪!），使产蛋鸡体小、早衰和产蛋峰期持续期短，从而影响蛋重和产蛋率。

二、管理误区

1. 看行情养鸡　蛋价高就多养，低就不养或少养。近几年行情周期难把握，导致老经验“失效”。应根据本场设备条件合理周转鸡群，制订养殖计划。

2. 一年只养一批鸡、忽视市场均衡供应　一年只养一批鸡往往会出现产蛋高峰期市场供应充足、低峰时供应不足、鸡淘汰后市场断货，容易丢失客户，失去市场竞争力。一般要求一年养3～4批、间隔3～4个月，这样基本上每个月供应市场比较均衡。

3. 盲目引种　不少养鸡户单纯认为品种越新越好，而不考虑引进品种对当地的自然条件和饲养条件是否适应，以及市场的需求情况。在没有正确论证的情况下，仅仅凭一些人的说教就盲目引进，最终由于管理原因或者生产性能不佳或者没有销路而遭受损失。

4. 成本核算不细、目标管理不明确、一本糊涂账　雏鸡、育成鸡阶段要算成活率、均匀度、饲料、鸡苗、药、疫苗、水电、燃料费等，产蛋鸡要具体核算每千克鸡蛋成本。养殖户往往只看饲料、兽药表面单价而忽视真正的养殖成本。一本糊涂账，因小失大蛋鸡由于饲养周期长，全期投入大，而不少养鸡户没有详细的账目，管理决策上全凭印象，导致片面追求饲料单价，而忽视采食量、蛋重、高峰期持续时间、淘汰体重、全期死淘率等因素，以及片面追求小鸡成活率和蛋鸡产蛋率，忽视育雏育成体重、均匀度等指标，而造成整体综合效益下降。凭行情赚钱，而不是向管理要效益。

5. 缺乏风险意识　有些养鸡户在选择鸡苗、饲料、疫苗、药品时没有风险意识，只看价格，不看效果和质量的稳定性，或盲目投资，一味追求全自动化，使单位成本偏高，加大投资风险，一旦出现问题，损失惨重。

6. 盲目光照、过早催产 1～3日龄确保24h光照，光照强度为20～30lx；4～7日龄光照时间每天减少1h，光照强度为60W灯泡或9W节能灯；8～14日龄光照时间每天减少1h，光照强度为45W灯泡或7W节能灯；15～21日龄光照时间每天减少0.5h，光照强度为5～10lx。避免“育雏期颗粒料喂的时间过短”，至少应喂42d，不达标者56d，通常说5周定终身。不根据产蛋鸡的生产发育规律和营养需要，而盲目地提高饲养标准，加大营养成分含量，致使产蛋鸡提早开产，使产蛋鸡体小、早衰和产蛋峰期持续期短，从而影响蛋重和产蛋率。

7. 重防疫不重保健 养鸡户一般都能对鸡的疫病进行预防，但对鸡舍卫生不太注意，给各种传染病留下隐患。所以在新进鸡苗前，应对鸡舍进行一次全面彻底的消毒。另外对保健也不太重视，有不少养鸡户一旦遇到鸡发病时，不经兽医人员确诊，自己便盲目用药，从而贻误了病情。长时间饲喂各种药物，不仅造成药物对鸡肾脏的损害和药物的浪费，而且还使各种细菌产生抗药性，严重影响到后来对疾病的治疗效果。

8. 冬季重保温而忽视通风 很多养鸡户还没有处理好温度、湿度、通风之间的关系，只重视温度达标，而忽视了通风换气。结果造成舍内空气混浊，湿度加大，氨气、硫化氢、二氧化碳等有害气体含量严重超标，影响了鸡生长发育和生产性能，有的还诱发呼吸道疾病、中暑等疾病，造成不必要的损失。

9. 消毒制度健全但落实不到位 许多规模化鸡场都制定有各种消毒制度，但是在落实的时候执行不到位形同虚设。鸡舍不能按时定期消毒或消毒不彻底，工作人员也不能及时更换工作服和胶鞋，不愿照射紫外线或喷淋消毒就随便进入鸡舍，饲料车、拉鸡蛋车、拉粪车等外来车辆不经消毒随便出入鸡场，造成严重污染，影响鸡群健康。

10. 滥用抗生素 用药应本着在查清病原的基础上，先磺胺后抗生素、先窄谱后广谱的原则，有的放矢。防止“半量”投药在血液中达不到有效的杀菌浓度而产生耐药性。治疗时有一点点效果就停药，残余细菌导致疾病反复发作，拖长病程反而增加用药成本。没注意配伍禁忌，如喹诺酮类与四环素有拮抗作用，磺胺类与青霉素类、盐霉素与支原净、酸性药与碱性药等不能配伍。长期盲目使用抗生素的危害：

一是不管鸡有无疫病，经常给药，其结果是产生抗药性。

二是个别鸡有病时，对整个鸡群长期超量用药，结果使机体内脏器官受损，代谢失调，生长发育受阻。

三是多种药物盲目联用，出现不良反应，降低了药效。

四是不对症治疗，如鸡因受凉和改换饲料等导致的腹泻而长期应用抗生素，其结果杀灭或抑制了肠道正常细菌群而使致病性细菌迅速繁殖，导致腹泻更加严重，久治难愈。

11. 重产蛋率而忽视死淘率　大多数养鸡专业户所说的产蛋率实际为饲养日产蛋率，其实该产蛋率不能真正反映鸡群的生产性能，要反映真正的生产水平应该看入舍鸡的产蛋率，入舍鸡的产蛋率综合了死淘率对产蛋率计算中的影响。如果一个鸡场死淘率太高，入舍鸡产蛋率就不可能太高，而饲养日产蛋率可能会高，但效益不会好。对残次鸡、病弱鸡、寡产鸡实行“人道主义”，只会增加传染病传播机会，成为发病的导火索或白吃鸡，加大成本。所以，要及时淘汰残次鸡、病弱鸡、寡产鸡。

附录　养鸡场消毒推荐程序

一、环境消毒

1. 车辆消毒：场门口设消毒池，用菌毒净，3 天更换一次，水深为1/2 轮胎，长度为车轮 2 周半。运雏鸡和饲料车用威力碘或百毒杀喷洒消毒。

2. 道路消毒：每隔 1 ~ 2 周，用菌毒净喷洒消毒。

3. 场地消毒：每隔 1 ~ 2 周，用菌毒净喷洒消毒。

二、工作人员消毒

1. 生产区门口设脚踏消毒池：选用菌毒净，每天更换。

2. 工作人员：洗澡，更换工作服、鞋帽，每周清洗消毒。

3. 鸡舍门口消毒池：选用菌毒净，每天更换。工作人员进入必须脚踏消毒池。

4. 鸡舍的操作间：用威力碘或百毒杀，工作人员洗手 2 ~ 3min 后，用清水清洗干净。

5. 设备、用具定期消毒，用威力碘或百毒杀，非生产性用具不准进入生产区。

三、鸡舍消毒

清扫→清洗→干燥→进鸡前两周，把所有设备和用具放入鸡舍，关闭门窗，密封鸡舍，用甲醛（$42mL/m^3$）、高锰酸钾（$21g/m^3$）或用烟熏菌毒净熏蒸消毒 24 ~ 36h。然后打开门窗通风。进鸡前两天再用广谱消毒剂（菌毒净、清净农场或新世纪消毒威、劲碘百毒杀等）彻底消毒。

四、带鸡消毒

1. 目的：①防止鸡立克病病毒的早期感染，降低发病率和死亡率。②杀死和减少鸡舍中飘浮的病原微生物。③鸡体表面清洁。④鸡舍清洁。⑤沉降鸡舍内的尘埃。⑥抑制氨气发生，吸附氨气。⑦夏季降温作用。

2. 方法：威力碘或百毒杀交替进行，每周不应少于 2 次。

五、饮水消毒

选用菌毒净或劲碘百毒杀，可有效快速地杀灭饮水中的各种病原微生物。饮水消毒的频度根据鸡场饮用水的微生物指标确定，一般每月 1 ~ 2 次，每次 2 ~ 3d。

六、紧急消毒

当鸡场疾病暴发时，用菌毒净或劲碘百毒杀做饮水消毒，清净农场或劲碘百毒杀带鸡消毒。当鸡场发生球虫时，选择碘制剂（劲碘百毒杀）；当鸡场发生葡萄球菌感染时，选择过氧乙酸类消毒剂（新世纪消毒威），紧急消毒每天不得少于 1 次。

七、死鸡和鸡粪的处理

死鸡远离鸡场深埋或焚烧。鸡粪堆积微生物发酵（温度 70℃ 以上）处理。